妙趣横生的图与网络

史明仁　编著

ZHEJIANG UNIVERSITY PRESS

浙江大学出版社

前　言

那些妙趣横生的智力游戏：狼羊菜渡河、分油问题、一笔画、走迷宫……曾使我们喜欢到着迷的程度。绞尽脑汁地苦苦思索，终于找到思路时的恍然大悟，求出答案时的又惊又喜，我们漫游在趣味与智慧的王国中……也许正是这样的魔力诱使我们走进数学的迷宫。

一门年轻的数学分支学科——图与网络——会让你重温昔日的情趣。这门在自然科学、社会科学各领域中，特别是计算机科学中有着日益广泛应用的学科，它的许多课题与狼羊菜渡河、一笔画等智力游戏一样，有着同样的数学模型。这些游戏的机智巧妙的图论解法将被用来确定"造价最低"的筑路方案、"效率最高"的工作分派计划、"旅程最短"的邮递员路线……

感谢浙江大学出版社的编辑，使拥有多年高校"图与网络"教学经验的笔者，能把图论中一些饶有趣味的问题，引人入胜的巧妙解题方法撰写成册，奉献给予我们有同样爱好的读者。希望读者能与我们共享在一番冥思苦想以后终于获得解答的由衷喜悦。

本书精心安排了少量习题，它们是书中内容的扩充，也是启发诱导初学者掌握图论方法和技巧的重要组成部分。

企望读者翻开这一页，走向新天地。笔者力图以勤补拙，写得浅显易懂、生动流畅，寓科学性于趣味性之中，力求避免因为自己的寡闻陋见、功力浅薄而使上述愿望成为奢望。希冀广大读者与师长、同行的指正。

史明仁

2015 年 2 月

目　录

⟨ ⟨ ⟨ **1**

一些与图论有关的智力游戏

那些智力游戏曾让我们如此地着迷，苦苦地思索，久久不能忘怀 ……

(1) 儿时熟悉的智力游戏

狼羊菜渡河　这一智力游戏，恐怕很多人在儿时就已知晓：一个人带了一只狼、一只羊、一棵白菜想渡过河去。但是只有一条小船，每次只能载一个人和一件东西。人不在时，狼会吃羊，羊会吃菜。要你想出一种渡河的方案（我们加上"而且渡河次数最少"这一新的要求），把狼羊菜一样不少，都安全地带过河去。

分油问题　我们也一定听说过：现有一个装满 8 两油的瓶，另有两个空瓶，装满时分别为 5 两油与 3 两油，如何用这三个没有刻度的瓶（倒来倒去）把 8 两油平分为两个 4 两油（我们加上"而且使来回倒的次数最少"这一新的要求）？

最短路问题　已知一个地图上各条街道的长度，要找出一条从甲地到乙地的行走路线，使得走过的路程最短。

这三个问题初看起来，似乎风马牛不相及。但我们将会看到，当数学的魔杖揭开它们的面纱时，它们原来是那样的相像——它们本是同胎所生的三个孪生的弟兄。数学的奥秘正在于此，它的高度抽象性，保证了它的广泛应用性。

(2) 编码问题、谣言传播问题、街与广场命名问题

编码问题　仅用数字 0 与 1 来编制密码（称为二进制码）。假如按下列方法编码：

E	N	O	S	Y
10	001	011	11	00

当我们接收到一个没有分隔符的密码 001011 时，既可以译码为

00	10	11
Y	E	S

即英文中的"是"，也可以译码为

001	011
N	O

即英文中的"不"，这就会使人莫衷一是。

要求是，如何对其中一个字母的编码稍作改动（增加或减少或改换一个数字），使得译码不再产生歧义。

谣言传播问题　有一个小村庄，已知某些村民日常互相闲谈。问：一个谣言能否传遍全村？

街与广场的命名问题　假设有这样的街道与广场：任何两个广场之间，最多只有一条街。现在要问：

（ⅰ）什么情况下每条街都可以用它一端的广场来命名？例如某街一端有一广场叫"中山广场"，那么这条街就可取名为"中山路"。

（ⅱ）什么情况下每个广场都可以用与其相连的某一条街来命名？

以上三个问题又是看上去毫不相关，但实际上都与图与网络中"树"的概念紧密相连。

（3）七桥难题与一笔画

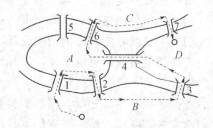

图 1.1　哥尼斯堡城的七桥难题

瑞士的著名数学家欧拉（E. Euler）在 1727 年他 20 岁时，被邀请到俄国彼得堡科学院做研究工作。在那里，他的一位德国朋友向他提出一个曾使许多人困惑的**七桥难题**（见图 1.1）：当时普鲁士的哥尼斯堡城有一个岛 A，名叫克涅波，普雷格尔河的两条支流从它两边流过。有七座桥（图上用数字编号）把这个岛 A 和三块陆地 B、C 和 D 连结起来。要想找一条散步的路径，走过每座桥且只走一次，最后回到出发点。欧拉最后解决了这个难题。他把四块地方（岛 A 和三块陆

地 B、C、D）各缩成一个点，七座桥变成七条边，把"七桥难题"化成了图 1.2 所示的"一笔画问题"，即是否可以不重复地一笔就能画出来，并且回到出发点。

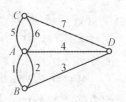

图 1.2　七桥难题导出的一笔画问题

（4）高斯八后问题

现在你可以在计算机上搜寻到很多走迷宫的游戏。有适合于儿童的、相对简单的。图 1.3 是一种"电路迷宫（circuit labyrinth）"，要求从下面的入口出发，最后回到出发点。也有比较复杂的，例如重新修复的万花阵迷宫，位于北京圆明园长春园的西洋楼内。

迷宫本身与图论没有什么关系，但数学家把走迷宫的策略"碰壁回头"变成电子计算机的一种算法，叫作"深度优先搜索法"。这种方法可以用来解决许多图与网络问题，

图 1.3　电路迷宫

例如用它来解答由下面的"高斯八后问题"所化成的图论问题。

国际象棋的棋子是下在 8×8 的格子里（见图 1.4），中国象棋的棋子是下在 10 条横线与 9 条竖线的交叉点上。国际象棋里的皇后真是"八面威风"的"铁女人"，它不仅像中国象棋的"车"那样，可以吃掉棋盘上与它同一行或同一列的棋子，还可以吃掉同一条对角线上（与棋盘边框成 $45°$ 角的斜线）的棋子（见图 1.4）。德国著名数学家、物理学家、天文学家、大地测量学家高斯（Carl Friedrich Gauss）在 1850 年提出这样的问题："现在有八个皇后，要放到 8×8 的国际象棋的棋盘上，使得她们彼此不受威胁，即没有两个皇后位于同一行、同一列或同一对角线上。问：有几种放法？"图 1.4 给出了其中一个解。

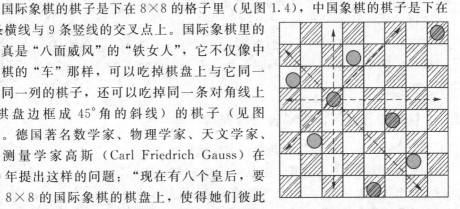

图 1.4　国际象棋盘上"八面威风"的皇后

（5）环球旅行和货郎担问题

1859 年，英国著名的数学家哈密尔顿（William R. Hamilton）发明了一种名叫"环球旅行"的数学游戏，并以 25 个金币的代价把这种游戏卖给了玩具制造商（见图 1.5）。它是一个木刻的实心正 12 面体，每个面都是正五边形，三面交于一个顶点，每个顶点写上世界上一个重要城市的名称。这个数学游戏要求沿

12 面体的边寻找一条线路，通过 20 个城市，作一次环球旅行，并且每个城市只通过一次，最后回到原地。

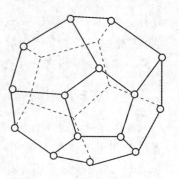

货郎担问题：一个货郎，要去 n 个村子卖货。假定任何两个村子间均有路直接可通，怎样安排一条路线，使这个货郎从某村出发，通过各个村子恰好一次，最后回到出发点，并使走过的路程最短。注意，这与一笔画的问题不同，点（村子）不能重复。

图 1.5　环球旅行游戏

以上两个问题看起来有点相似，但我们将会看到它们竟然会与"**马能跳遍棋盘的每一格，且仅仅一次吗？**"这样的问题扯上边。这个看起来八竿子都打不到的"马"的问题，详细来说是"在 4×4 的黑白方格棋盘上（见图 1.6），或在这个棋盘上再剪去任意角上一格，从任何一个方格开始，跳动一只马，使其通过棋盘的每一个方格一次，而且仅仅一次，问：是否可能？"（马在国际象棋的棋盘上的跳法与在中国象棋的棋盘上的跳法是一样的：直走一步，再斜走一步。）

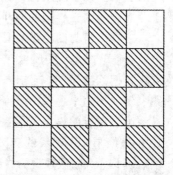

图 1.6　一个 4×4 的棋盘

（6）工作分配、循环赛日程安排问题

第二次世界大战期间，欧洲许多沦陷区国家的飞行员到英国皇家空军服役。皇家空军某飞行队有 10 个来自不同国家的驾驶员，每人都会驾驶某种飞机。每架飞机都要配备在航行技能与语言上能互相配合的两名驾驶员，问：应该怎样安排，才能使起飞的飞机最多？

这是一个非常实际且性命攸关的问题。它在图论中是一种把图的顶点"配成对"的匹配问题，所以与图论中一个听上去甜蜜蜜的"婚姻定理"搭上钩。

我们平时都熟悉**循环赛日程安排问题**：有 n 个选手参加循环赛，问：如何安排比赛日程？它也是一个匹配问题。当选手个数为偶数的时候，还是一个"完美"匹配问题，因为没有选手轮空。

（7）三家三井问题

有三户人家 X_1，X_2，X_3，有三口井 Y_1，Y_2，Y_3，要在每户人家与每口井之间都修一条路。问：有没有办法使得 9 条路互不相交？

(8) 地图着色问题

我们见到的地图，例如我国分省地图或世界地图都是彩色的。着上颜色的目的主要是为了看起来清楚。当然最好每个国家或地区用一种独特颜色。但实际上无此必要，只要使相邻国家或地区的颜色不同就可以了。注意，两个国家或地区相邻，是指它们有公共的一段边界，在地图上即为两个区域有公共边。而仅有公共顶点的不算相邻。

我们可以考虑这样的问题：任何一张地图（它是平面图），要使相邻国家或地区所着的颜色不同，至少要用几种颜色呢？简单的例子说明，只用三种颜色对一般的平面地图是不够的。1890 年，希伍德证明了"五色定理"：任何一个平面图，都可以用五种颜色来着色，使任何两个相邻的区域有不同的颜色。那么我们自然要问，四种颜色够不够？这就是图论中的著名难题"四色猜想"。其中详情，且看正文分解。

下面几章以及习题中还有很多奇情妙趣的智力测验，它们用来说明图论中的各种概念以及如何把有关的问题巧妙地化为图论问题。

《《《 2

什么是图

我们这里要介绍的"图"是什么呢？它既不是我们日常所见的形形色色的图——地图、机械零件图、建筑施工图；也不是几何中各种各样的图形与日常生活中所见的画片。它是一种特定的数学对象。

德国著名哲学家康德（Immanuel Kant）说过"一切人类知识以直观始"，"我们所有的知识都开始于感性，然后进入到知性，最后以理性告终。"而"一个好的实例胜于训诫［著名匈牙利裔美国数学家和数学教育家波利亚（George Pólya）]"，所以在说明本书所介绍的图为何物时，还是让我们先看几个实例吧。

（1）图的例子

例 2.1 初看《红楼梦》时，你一定会感到人物众多，头绪纷杂。然而，如果你把贾府的人物（为简单起见，只考虑男人）画成如图 2.1 所示的图，就会对贾府人物之间的血统关系一目了然：以点代表人，在有父子关系的两人（两点）之间连一条带箭头的线，从父亲指向儿子。

例 2.2 假如仍以点代表

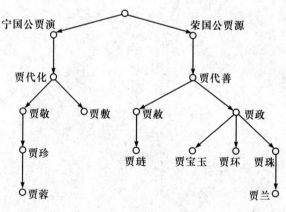

图 2.1 《红楼梦》家谱

人，但两点之间是否连线，视两人是否有直系亲缘关系而定。因直系亲缘关系是相互的，这里的线不带箭头。那么，贾政、王夫人、元春、贾珠、贾宝玉这五个人之间的关系可以用图 2.2 来表示。这个图有一个特点，任何两个点之间都有线相连。这是因为任何两个人之间都有直系亲缘关系：或夫妻，或父子，或母女，或姐弟等等。

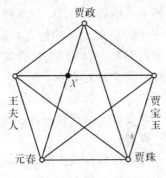

图 2.2　亲缘关系图

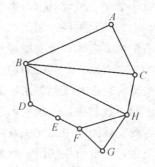

图 2.3　旅行路线

例 2.3　假如你想作一次旅游，从 A 出发，去 B，C，D，E，F，G，H 等城市，再回到 A。则用点表示这几个城市，两城市间可以乘火车、飞机或汽车直达的，就连一条线，见图 2.3。此时你要设计一条每个城市都经过且只经过一次的旅行路线就很容易了。"$A \to B \to D \to E \to F \to G \to H \to C \to A$"就是其中一条路线。

例 2.4　有四位教师：甲、乙、丙、丁，四门课程：数学、物理、化学、政治。若教师甲能教物理课，则在代表教师甲与物理课的两点之间连一条线。图 2.4 就是这样得到的。如果要使每个教师各教一门不同的课，有了图就知道存不存在这样的分派以及如何分派。这里容易看出：甲教物理、乙教政治、丙教数学、丁教化学（图中粗线所示）就是这样一种安排。

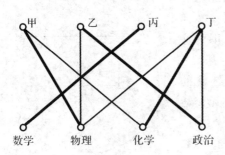

图 2.4　工作分派

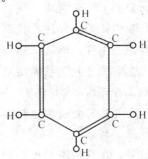

图 2.5　苯的分子结构图

例 2.5 为表示一个化学分子的结构，我们可以用一个点代表一个原子，两个原子之间有几阶化学键，就连几条线。图 2.5 就是碳氢化合物苯的化学分子结构图。

（2）什么是图

从上面几个例子可以看出，客观世界里的人、事物或现象，如果两两之间有某种关系，称为**二元关系**。如例 2.1 中的父子关系，例 2.2 中的直系亲缘关系，例 2.3 中两个城市之间有无交通可直达的关系，例 2.4 中某教师能否教某课程的关系，例 2.5 中两原子之间的结构关系和有几阶化学键的关系，等等。

当我们要研究这种二元关系，从中找出规律时，可以用点表示人、事物或现象，两点之间用线相连，表示它们之间存在我们要研究的那种关系。这样就可以得到**反映客观实际问题中二元关系的一个数学模型——图**。

简而言之，这里所说的图，就是由一组点和连线所构成的图形。这些点称为图的**顶点**（或节点），而连线则称为**边**。带箭头的边特称为**有向边**。

美国图论学家哈拉里（Frank Harary）有一句名言："千言万语不及一张图"，用图来表示一些客观实际问题，会使问题变得简明、直观和形象化。"因为没有什么东西比图形更容易进入人们的思想"（这里我们把笛卡尔名言中"几何图形"四个字"偷换"成了"图形"）。对图进行研究，等价于对某些问题中二元关系的研究。上面所举的几个例子，若不用图来表示，而改为文字叙述，那么即便有纵横捭阖的口才，仍会令人如堕五里雾中。要注意的是，这里讨论的图与几何图形的不同之处是：几何图形中，点的相对位置与连线的长度都是至关重要

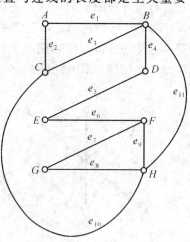

图 2.6　与图 2.3 同构的图

的。而图论所关心的只是一个图有多少个顶点以及哪些顶点之间有边相连。至于顶点的位置分布和边的长短曲直，则无关紧要，可以任意描画。只要不改变两顶点间是否有边相连这一本质，我们认为这样任意描画的两个图是一样的，在图论中称这样两个图是**同构**的，因为这样不改变有关二元关系的性质。

例 2.6 图 2.6 与图 2.3 是一样（同构）的图。因为图 2.6 也表达这些城市之间有无交通可直达的关系。

另外，在几何图形中，把边看作是由无数个点组成的；而在图论中，边的唯一作用只是

把两个顶点连结起来，因为它只表示两个顶点所代表的人、事物或现象之间存在某种联系。正因为如此，一个图中任何两条边，我们认为它们只可能在顶点处相遇。在别的地方，它们看作立体交叉。画在平面上时，那些在平面几何中的"交点"，例如图 2.2 的 X，不算是图的顶点。

(3) 网络

我们常说"现在是网络时代"，在计算机领域中，网络是信息传输、接收、共享的虚拟平台，我们通过它把各个点、面、体的信息联系到一起，从而实现这些资源的共享。在数学上，网络是一种图。它也是由节点和连线构成，表示各个对象及其相互联系。网络上的两节点间有无连线（边）除了表示对应的两对象之间是否存在我们感兴趣的二元关系外，每条边还可被赋予一定的数值，称为权数。例如图 2.3（旅行路线）的边可以标上在它所连结的两城市间旅行所花费的时间或旅费等等。一般认为网络专指加权图。

(4) 一些图的名称

本章前面提到的几个图（图 2.1—图 2.5），在图论中都是比较重要而且典型的图。所有边都是有向边的图称为**有向图**，例如图 2.1。所有边都没有方向（不带箭头）的图称为**无向图**。除图 2.1 以外，前面提到的其他的图都是无向图。

另外，图 2.1 又是**有向树**。如果把它的边的方向全去掉，所得图为**无向树**，简称为**树**。你看，它多像一棵倒放的树！后面我们给树下的严格定义为：**树就是一个连通但无圈的图**（详见第 3 章）。

像图 2.2 那样，任何两顶点之间都有边相连的无向图称为**完全图**，或形象化地称它为"家庭"（family）。n 个顶点的完全图记为 K_n。图 2.2 是 K_5——有 5 个"成员"的"家庭"。而一般的非完全图，可以叫作一个"社会"（society），它的顶点之间的关系像社会一样形形色色。

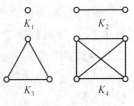

图 2.7　完全图 K_1、K_2、K_3 与 K_4

例 2.7　完全图 K_1 是仅有一个顶点的图，K_2 是有 2 个顶点以及连结它们的一条边的图，K_3 是连结 3 个顶点的三角形，K_4 则是连结 4 个顶点的四边形及其 2 条对角线（见图 2.7）。

两个顶点之间最多只有一条边相连的无向图称为**简单图**。图 1.2 与图 2.5 不是简单图，图 1.2 有两对顶点之间有两条边，而图 2.5 有三对顶点之间有两条边。图 2.2、2.3、2.4 都是简单图。

图 2.4 的顶点可分为 X 与 Y 两部分，X 是代表教师的四个点，Y 是代表课程的四个点。同属于 X 或同属于 Y 的任何两个顶点间（教师与教师之间、课程与课程之间）均无边相连。这种图叫**二部图**，或二分图、偶图。

原图的部分顶点及原图中连结这些顶点的全部边或部分边构成的图称为原图的一个**子图**。也就是说，子图是原图删去一些边（可以是全部边）以及，或删去一些顶点（可以是全部顶点）后，由剩余的顶点与边构成的图。删去一个顶点必须删去与该顶点连结的所有边，因为删去一个顶点，就是不考虑该顶点所代表的对象，当然就不必考虑与该对象的二元关系（与它相连的边）。注意，删去全部顶点后，就成为没有顶点，当然也就没有边的"图"，这样的图称为**空图**。引进空图的概念能给一些定义与定理的叙述带来方便。空图是任何图的子图。

例 2.8 图 2.3 中的 △ABC，或它的顶点 A，B，C 及边 AB，AC 构成的图都是原图的子图。

例 2.9 任何 n 个（$n \geqslant 0$）顶点的完全图 K_n 是（$n+1$）个顶点的完全图 K_{n+1} 的子图。因为 K_{n+1} 去掉任何一个顶点（记为 A）及其 n 条边后，剩下的 n 个顶点中任何一个都与其余 $n-1$ 个顶点（不包括 A）都有边相连，这个子图就是 K_n。例如图 2.7 中 K_4 去掉任一顶点以及与它相连的三条边后是子图 K_3，即连结 3 个顶点的三角形。

（5）图论发展简史

图论的最早研究，可以追溯到瑞士数学家欧拉（E. Euler）在 1736 年发表的讨论"七桥难题"（见上一章智力游戏（3），详见后面第 6 章）的论文。早期的一些与图论有关的研究，几乎都像"七桥难题"一样，与有趣的智力游戏有关。例如 1859 年英国数学家哈密尔顿发明的"环球旅行"（见上一章智力游戏（5），详见后面第 9 章），就是后来图论中"哈密尔顿问题"与"货郎担问题"的起源。这类问题是思想的体操，很能推动人们去思索。它们的解法，常常是机智巧妙，引人入胜。

德国物理学家克希荷夫（Gustay Kirchoff）为求解电网络方程，在 1847 年发表了关于树的第一篇论文，这是图论发展的重要标志。现代电网络的拓扑分析方法就是在他开创的方法基础上发展起来的。

英国数学家凯莱（Arthur Cayley）在 1857 年利用树的概念研究有机化合物的分子结构。1878 年，凯莱的一位朋友雪尔佛斯脱（J. Sylvester）在英国《自然》杂志上发表一篇论文，首次正式使用"图"这个名词。

英国人古思里（Francis Guthrie）在 1852 年提出著名的四色猜想：任何一

张平面地图，都可以用四种颜色来染色，使得任何相邻的地区所染的颜色不同（见上一章智力游戏（8），详见后面第 11 章）。此后一百多年，一代接一代的数学家，都致力于四色猜想的研究。

一般认为，系统地研究图的性质的第一人是匈牙利数学家哥尼格（D. König）。他在 1936 年发表了第一本图论专著《有限图与无限图的理论》。从 1736 年欧拉发表讨论"七桥难题"的论文到 1936 年哥尼格的专著出版，这前后二百年标志着图论发展的漫长历程。

20 世纪以来，在电子计算机蓬勃发展的大力推动下，图论作为组合数学的一个分支，新军突起，异常活跃。过去的趣味数学，也被赋予新的严肃的科学目的。今天，图论已在运筹学、电路网络、计算机科学、开关理论、编码理论、计算机辅助设计，甚至化学、社会学等许多领域得到日益广泛的应用，并且成效卓著。在读者对图论有了清晰的轮廓以后，我们会在最后一章再作简单的回顾。

本节的最后，我们用一个智力测验题来说明，如何把一些二元关系的问题巧妙地化为图论问题来解。

例 2.10 《美国数学月刊》上登载过这样一道智力测验题：任何六个人的集会上，以下两种情况至少有一种必然发生：或有三个人彼此认识，或有三个人彼此不认识。

解：它不是代数题，也不是几何题。仔细分析，它是讨论两人认识不认识的关系，也就是二元关系，所以可以归结为图论问题。按照前面对图的定义，一个图只表示一种二元关系，所以需要画两个图。都用顶点代表人，第一个图中，两人认识的连一条边；而第二个图中，两人不认识的才连一条边。我们在图的概念上，再加一个"染色"的概念，就可以把两个图画在一起。

以六个顶点代表六个人，两人互相认识的，在相应的两顶点间连一条红色边（图 2.8 中以实线表示），两人互不认识的，连一条蓝色边（以虚线表示）。由于两个顶点之间不是以红色边相连，就是以蓝色边相连，所以全部红、蓝边一起构成一个完全图 K_6。若有三个人彼此认识，则图中应该出现一个红边三角形；若有三个人彼此不认识，则图中应该出现一个蓝边三角形。因此，原问题就化为下列问题：

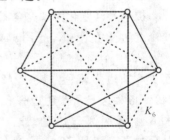

图 2.8 Ramsey 问题的染色图

完全图 K_6 的任一边染成红色或蓝色之一，则其中必出现一个红边三角形（K_3 子图）或一个蓝边三角形（K_3 子图）。

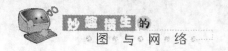

图 2.8 中出现两个蓝边三角形。读者自己可以画画试试。上述结论可以严格证明如下。

证明：从六个顶点中任何一个 A 开始考虑（见图 2.9），有五条边以 A 为一个端点。这五条边中至少有三条边染同样的颜色（反证：如果染每种颜色的边都不超过 2，则总边数不超过 4，矛盾），不妨设为红色（如果是三条蓝色边，也可类似证明）。这三条红色边的另一端记为 B、C、D。现在考察 $\triangle BCD$（即这 3 个顶点的子图 K_3），若它三边全染为蓝色，则已证得图中有一个蓝边三角形。否则，它总有一边为红色。若边 DC 为红色，则 $\triangle ACD$ 就是一个红边三角形；若其他两边中 BD 或 CB 为红色，同样图中出现红边三角形 ABD 或 ABC。

类似的智力游戏题还有：

"在 10 个人集会时，必有三个人彼此认识，或四个人彼此不认识。"

"在 20 个人集会时，必有四个人彼此认识，或四个人彼此不认识。"

现在，你一定会把它们"翻译"成图论的问题。这一类问题在图论中称为拉姆齐问题。它们是由年轻的英国数学家、哲学家兼经济学家拉姆齐（F. P. Ramsey，1903—1930）首先研究的。可惜他宏才远志，厄于短年，1930 年去世时，还不到 27 岁。

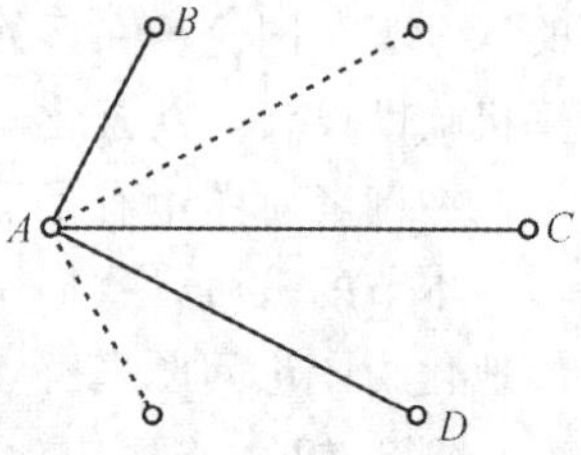

图 2.9　Ramsey 问题的证明

第 2 章习题

习题 2.1　证明：在 10 个人集会时，必有三个人彼此认识，或四个人彼此不认识。（本题可以在读完这本小册子后再做）

提示：问题化为"完全图 K_{10} 的任一边染成红色或蓝色之一，则其中必出现一个红边三角形（K_3 子图）或一个蓝边 K_4 子图。"

从 10 个顶点中的任何一个顶点 A 开始考虑，从它出发的 9 条边中分"（1）至少 6 条边为蓝色"或"（2）少于 6 条边为蓝色"两种不同情况讨论。情况（1）：考察这 6 条蓝色边另一端点 B、C、D、E、F、G 为顶点所构成的完全子图 K_6。按照例 2.10 的结论，其中必定出现一个红边三角形或一个蓝边三角形，从而得证。情况（2）：考察有 4 条红色边的另一端点所构成的完全子图 K_4。分"它的所有 6 条边全为蓝色"或"至少有一边为红色"来证明。

3

树的概念与图的连通

树是一种基本的重要的图。要了解树的确切含义，还需要先介绍几个图论中的其他概念，也就是给一些冗长的叙述取简单的"名字"，以后好称呼它们。而且它们本身在后面解其他智力游戏题时也经常用到。

（1）路

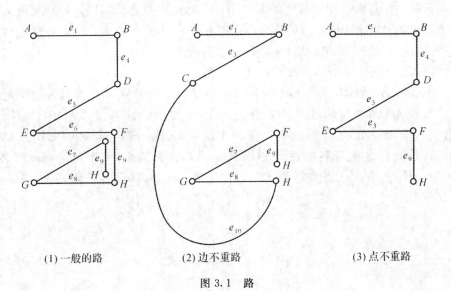

(1) 一般的路　　　　　　　(2) 边不重路　　　　　　　(3) 点不重路

图 3.1　路

图论中的路与日常生活中所说的"路"十分相似。以图 2.6 为例，对于问题"A 到 H 走哪条路？"图 3.1 给出了三个答案。从图论角度看，它们都是从一个顶点出发，交替地经过一些边和顶点，最后到达另一个顶点。这样形成的图称为**路**。A 到 H 的路，可以用它的起始顶点 A，然后交替地用它经过的边与顶点，最后以到达顶点 H 结束的序列来表示。当不涉及中间顶点与边时，可简记为"（A，H）－路"。

例 3.1 图 3.1 中的三条（A，H）－路是不同的。其中（3）中的路 $Ae_1Be_4De_5Ee_6Fe_9H$ 最简单，顶点和边都不重复出现，称为**点不重路**。实际上，只要顶点不重复，边就一定不重复。

再看（2）中的路 $Ae_1Be_3Ce_{10}He_8Ge_7Fe_9H$，边不重复，但顶点 H 重复（经过两次），称为**边不重路**。

而（1）中的路 $Ae_1Be_4De_5Ee_6Fe_9He_8Ge_7Fe_9H$，由于边 e_9 重复，这条边的两个顶点 F 与 H 也重复，这是一般的路。

可把不重的边，从"顶点－边"的交替序列中删去，不会产生歧义：（1）中的路可表示为 $ABDEFe_9HGFe_9H$，（2）中的路可表示为 $ABCHGFH$，（3）中的路可表示为 $ABDEFH$。

对这三种"路"的关系，我们有以下结论：

定理 3.1 若图 G 中存在一条（A，B）－路，则存在一条（A，B）－点不重路。

证明： 我们从 A 出发沿这条（A，B）－路走，若遇到相同点，则把两个相同点之间的那段路去掉。然后从头沿这条新（A，B）－路走，…，一直走到终点 B 为止。最后所得的就是（A，B）－点不重路。

例如已知图 2.6 中的一条（A，F）－路：

$Ae_1Be_{11}\boldsymbol{He_9Fe_7Ge_8H}e_{10}Ce_2Ae_1Be_4De_5Ee_6F$。当我们从 A 出发沿这条路走的时候，遇到的两个相同点是 H，删去两个 H 之间的路（黑体）$He_9Fe_7Ge_8H$（两个 H 合成一个），得到新（A，F）－路为 $Ae_1Be_{11}He_{10}Ce_2Ae_1Be_4De_5Ee_6F$. 从头往前走，这次遇到的两个相同点是 A，删去两个 A 之间的路（黑体）$Ae_1Be_{11}He_{10}Ce_2A$，得到新的（A，F）－路 $Ae_1Be_4De_5Ee_6F$ 是一条（A，F）－点不重路。

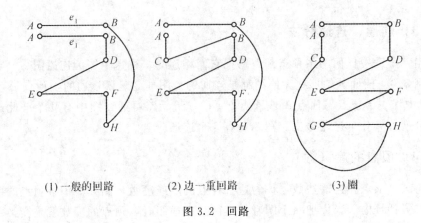

(1) 一般的回路   (2) 边一重回路   (3) 圈

图 3.2　回路

(2) 回路

一条路的起、终点都叫**路的端点**，其他顶点称为路的中间顶点。两端点重合的路称为**回路**。

例 3.2 图 3.2 画出了图 2.6 的三条回路。其中 (3) *ABDEFGHCA* 是中间顶点不重复的回路，称为**圈**；而 (2) 称为**边不重回路**（顶点 *A* 与 *B* 重复）；(1) 是一般的回路（边 *AB* 重复，从而顶点 *A* 与 *B* 也重复）。

对于回路，有类似于定理 3.1 的结论。

定理 3.2：若边 e 在图 G 的一个回路 W 内，则边 e 在图 G 的一个圈内。

证明：从 W 的任一个顶点出发，沿 W 前进，若在前进过程中经过某顶点 u 两次，则把 W 的两个 u 之间的那个圈（的所有边）去掉，然后从头沿新的回路前进……一直到走完为止。这些去掉的圈的和，即为回路 W。也就是说，上述方法把 W 分解为几个圈的和。从而边 e 至少在某一个圈上。

例如，W：$He_9 Fe_6 Ee_5 De_4 Be_{11} He_8 Ge_7 Fe_9 He_9 Fe_9 H$ 是图 2.6 的一条回路。从 H 出发沿 W 前进，经过 H 两次，见黑体字母所示的圈 Q_1：$He_9 Fe_6 Ee_5 De_4 Be_{11} H$。去掉圈 Q_1，剩下回路 $He_8 Ge_7 Fe_9 He_9 Fe_9 H$。去掉圈 Q_2：$He_8 Ge_7 Fe_9 H$，剩下的 $He_9 Fe_9 H$ 也是圈，记为 Q_3：两个顶点 H 与 F 之间有两条边。这样，W 分解为三个圈 Q_1、Q_2 与 Q_3 的和。可见这三个圈，包括了 W 的任何一条边，即 W 的任何一条边在其中一个圈内。

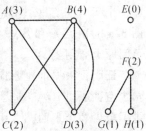

图 3.3　连通分支与顶点的度

（3）连通、连通分支

当一个图中任何两个顶点都有路把它们相连时，称这个图为**连通图**。

例3.3 前面画的那些无向图都是连通的。图3.3是不连通的，顶点 A，B，C，D 中任一个顶点与顶点 E 或顶点 F，G，H 无路可通。图中有几个彼此连通的部分就称有几个**连通分支**。图3.3有3个连通分支。

（4）顶点的度（数）

与某个顶点相连的边数，称为这个顶点的**度或度数**。图3.3中各顶点的度数写在右侧括号内。当你把一个图看作是街道交通图时，顶点的度数就是交叉路口的"叉数"。

例3.4 图3.3中，A、D 是三岔口，B 是四岔口，G 与 H 是一岔口（死胡同），E 是"孤岛"。在化学分子结构图中，一个顶点的度就是一个原子的化合价。

下例要用到以下结论：任何 n 边多边形 P 总可以用它内部的 $n-3$ 条两两不相交的对角线把它分为 $n-2$ 个三角形（根据一个多边形总有一个内角小于 $180°$ 的性质，对边数用数学归纳法不难证明这一结论）。注意这里的 n 边多边形 P，不要求它是凸的（如果把 P 的任一条边向两端延长，此时整个 P 在这条延长线的一侧，则 P 称为凸多边形）。如图3.4所示是一个七边形，它内部的4条对角线 AC、GC、FC 与 FD 把它分为5个三角形。这个多边形不是凸的，因为 P 在 EF 或 GF 或 BC 或 CD 延长线的两侧。

例3.5 把 n 边多边形 P 连同将它分为 $n-2$ 个三角形的 $n-3$ 条两两不相交的对角线（作为边）看作一个图。证明这个图总有一个点的度数为2。例如图3.4的顶点 E 和 B。（这个结论在后面图的顶点染色问题上要用到。）

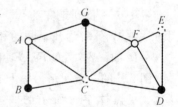

图3.4 一个非凸的七边形

证明：根据抽屉原理"把 n 个东西任意分别放进 m 个空抽屉里（$n > m$），那么一定有一个抽屉中放进了至少2个东西。"（用反证法证明）。P 的 n 条边（n 个东西）在 $n-2$ 个三角形上（$m=n-2$），则一定有2条边在同一个三角形上（同一个抽屉里）。而且这个三角形的第三条边一定是 P 内部的一条对角线，也就是说，这两条边的公共端点不可能是另一条对角线的一个端点。所以这两条边的公共端点是一个度数为2的顶点。

注意，你也许会画出像图 3.5 那样的一个七边形，它是把图 3.4 的点 F 移了一下位置，使得边 GF 与对角线 FD 在同一条直线上。此时，用 3 条对角线就可把 P 分为 4 个三角形。但这并不影响上面的证明与结论。（实际上，连接 FC，就把 P 又分为 5 个三角形）。此外，这里的结论可以加强为：P 上至少有两个顶点的度数为 2。直接用反证法即可证明。

定理 3.3　如果图 G 的顶点的最小度数 $m=2$，则图 G 含有圈。

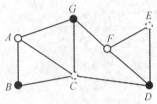

图 3.5　一个分为 4 个三角形的非凸七边形

证明：图 G 不可能全是孤立点的连通分支，因为此时所有顶点的度数均为 0。所以 G 至少有一个大于或等于两个顶点的连通分支 G_1。如果 G_1 只有两个顶点，每点度数为 2，则两个顶点之间有两条边，也是一个圈。如果 G_1 的顶点数大于 2，因 G_1 连通且各顶点的度数不小于 2，由一个顶点到另一个顶点的（点不重）路，可以向前延伸。但 G_1 的顶点有限，从而延伸到某一顶点后，再往下延伸时，必然要和已走过的顶点相重，于是我们就得到 G_1 中的，也是 G 中的一个圈。

(5) 树的定义

现在我们可以给树下一个确切的定义了。**一个无圈的连通图称为树**。自然界的"树"的特征是枝枝杈杈、根叶相连，"无圈"与"连通"正是显示了这两个特点。故图论借用了"树"这个名称。注意，假如我们约定，在家谱图中，代表长辈的顶点在上，代表晚辈的顶点在下，则图 2.1 中的箭头都可以去掉，即去掉箭头的无向树在这种约定下与原来的有向树都表示同一个家谱图。

树的最上面的顶点叫**根或祖先**（在家谱图里，它正是代表祖先）。树的一度点叫**树叶**。树中任何一条边的两个端点，离根近的叫**父亲**，离根远的叫**儿子**。正因为一个家谱图就像一个树，所以树的一些术语也沿用了家谱中的一些名称。不过，图论中的树与自然界的"树"或家谱图还是不一样的，例如我们可以把一个树重画，使得你任意选定的点作为新的根。

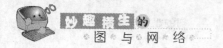

例 3.6   图 3.6 所示的两个树是同样（同构）的。

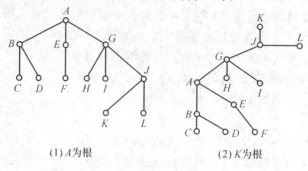

(1) A 为根　　　　　　(2) K 为根

图 3.6　两个同构的树

（6）树的性质

树有许多重要的性质，它们在图论与计算机科学中有重要的应用。

性质 1：树中任何两个顶点之间有且只有一条点不重路。

这是因为一个树画好以后，即它的根定下来以后，就可以把它当成一个家谱图。若有两个人（顶点），甲是乙的长辈，那么因为一个人只有一个父亲，一个祖父，一个曾祖父……所以从顶点乙到顶点甲只有一条点不重路。假如其中一个不是另一个的长辈，它们既然在同一个家谱中，往上追溯，必有同一长辈丙，由于甲和乙各自到丙的点不重路只有一条，所以乙到甲也只有一条点不重路，这就是从乙到丙的唯一的点不重路加上丙到甲的唯一的点不重路。这个性质可以严格证明如下。

证明： 设 A 与 B 是树 G 的两个不同顶点。由于树连通，所以从 A 到 B 存在一条点不重路。现在我们用反证法证明，从 A 到 B 的点不重路是唯一的。假设树 G 中存在两条不同的点不重路（可以用顶点的字符串来表示）：

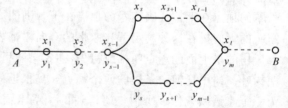

图 3.7　两条不同的 $(A，B)$ 一点不重路

$Ax_1x_2\cdots x_kB$ 与 $Ay_1y_2\cdots y_nB$（这里 $x_1x_2\cdots x_k$ 各不相同，$y_1y_2\cdots y_n$ 各不相同，但都是 G 的顶点）。因为是两条不同的点不重路，所以存在 s，$s<k$ 且 $s<n$，使得 $x_1=y_1$，$\cdots$，$x_{s-1}=y_{s-1}$，但 $x_s\neq y_s$（即前一段"同路"，但从点 x_s 或 y_s 开始"分道扬镳"），见图 3.7。但两条路在 B 点或之前（设为 $x_t=y_m$，$s<t\leqslant k$，$s<m\leqslant n$ 或 $x_t=y_m=B$）合并。从图 3.7 可见，此时 G 中存在一个圈 $x_{s-1}x_s\,x_{s+1}$

$\cdots x_{t-1}x_t y_{m-1}\cdots y_s, x_{s-1}$。这与树的定义"无圈连通"相矛盾。所以从 A 到 B 的点不重路是唯一的。

注意，一个孤立顶点的图，也称为树，但叫作**平凡树**。顶点数$\geqslant 2$的树称为**非平凡树**。

定理 3.4 非平凡树至少有两个度数为 1 的顶点。

证明：它至少有一个 1 度点 x，否则由定理 3.3 知它有一个圈。进而，若除了 x 无 1 度点，则像证明定理 3.3 一样，从 x 出发的一条路总能延伸，直到产生一个圈，与树的定义矛盾。所以非平凡树至少有两个度数为 1 的顶点。

性质 2：**任何一个树，它的边数总等于它的顶点数减一**（对平凡树显然正确）。反之，**若一个图连通，且它的边数等于它的顶点数减一，则此图是树**。

证明：我们对非平凡树 G 的边数 n 归纳证明。$n=1$，此时有 1 条边，它连接 2 个均为 1 度的顶点，结论正确。假设边数 $n=k>1$ 时结论正确，即此时顶点数为 $k+1$。当树 G 的边数 $n=k+1$ 时，去掉一个度数为 1 的顶点及连接它的那一条边，所得到的子图 G_1 仍然无圈（否则这个圈在 G 内——因 G_1 是 G 的子图，与 G 是树矛盾），而且连通（否则原图 G 不连通），所以 G_1 也是树。应用归纳假设，它的顶点数$=k+1$。而 G_1 比 G 少一个顶点和一条边，也就是说，G 的顶点数$=k+2=G$ 的边数$+1$。所以，当 G 的边数 $n=k+1$ 时，结论正确。这样，原结论对任何边数的树成立。

反之，如果图 G 连通，且边数$=$顶点数-1，我们要证 G 是树，仍然可对 G 的边数 n 进行归纳证明。证明留给读者，见习题 3.2.

（7）生成树与破圈法

任何一个连通图，若它无圈，那么它就是树。若它有圈，则去掉这个圈上任何一边，得到的图仍然连通；若还有圈，再去掉圈上一条边，用这种"破圈法"把一个连通图的一些边去掉后，最后得到仍然连通、并且无圈的一个新图。它就是一个树，这个树称为原图的一个**生成树**。一个图的生成树通常不唯一。

例 3.7 求出图 3.8 的一个生成树。

解：该图中的圈多得不得了，不要去数，应该是见圈就破，因为去掉一条边，破掉很多圈。图中有 6 个顶点，任何两个顶点之间都有边，共 15 条边。这图实际上是完全图 K_6。按照性质 2，要去

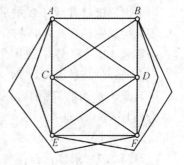

图 3.8　完全图 K_6 的一个同构图

掉 10 条边后的子图才是树。首先，外围 4 条折线都是某个圈的一条边，所以去掉这 4 条折线。剩下两个拼接的各有两条对角线的矩形，见图 3.9。此图周边上任何一条边（图中以虚线表示）都是某个三角形圈的一条边，去掉这 6 条边（已经去掉 10 条边了），余下的 4 条对角线与边 CD（共 5 条边）及原来的 6 个顶点组成原图的一个生成树。咦，CD 边怎么看上去是两个三角形圈的公共边啊？这个"看上去"是不对的。不要忘记，两对对角线的交点只是几何上的点，但不是图论中的顶点。

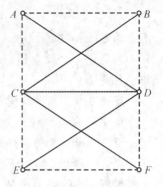

图 3.9　K_6 的一个生成树

一个图是否连通，等价于这个图是否存在生成树。可以在电子计算机上求生成树或证明原图不连通。

第 3 章习题

习题 3.1　写出图 3.10 各顶点的度数并验证握手定理（见第 6 章）"任何一个图，它的各顶点的度数之和等于边数的 2 倍"。

习题 3.2　应用上面提到的握手定理与数学归纳法求证：若图 G 连通，且它的边数等于它的顶点数减一，则 G 是（非平凡）树。

习题 3.3　画出与图 3.6 同构的树，但要以树叶 F 为新的根。

习题 3.4　（1）求出图 3.11（可以看成一个街道图）中三岔口（3 度的顶点）与 2 度顶点的个数；（2）求出总度数并验证握手定理；（3）要去掉多少条边才能得到它的一个生成树？并求出一个生成树。

习题 3.5　设图 G 是 n 个顶点的简单图。

求证：G 的最大度数 $M \leqslant n-1$。

习题 3.6　简单图的各顶点度数排列所得的序列称为图序列。求证：$(7，6，5，4，3，3，2)$ 和 $(6，6，5，4，3，2，1)$ 两个序列都不是图序列。

习题 3.7　求证：在任何 n（$\geqslant 2$）个人的组内，存在两个人在此组内有相同个数（$\geqslant 0$）的朋友。（**提示：**作以 n 个人为顶点，朋友关系为二元关系的图。）

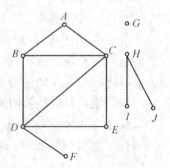

图 3.10　各顶点的度数

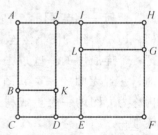

图 3.11　有 22 个圈 的连通图

原问题就化成图论问题："**顶点个数 $n \geqslant 2$ 的简单图中存在度数相同的两个顶点**。"利用习题 3.5 的结论分 $M = n-1$ 与 $M < n-1$ 两种情况来讨论。证明：（1）此时最小度数 $m \geqslant 1$；（2）总有最小度数 $m \geqslant 0$。进而证明上述结论。（朋友个数 $= 0$，即两人都没有朋友）

习题 3.8　求出图 3.12 中非同构的生成树。

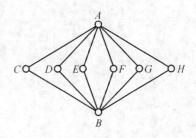

图 3.12　8 个顶点 12 条边的连通图

编码问题、谣言传播、街与广场命名

本章利用树的特性解决第一章里的三个智力游戏问题：编码问题、谣言传播、街与广场命名。

（1）编码问题

我们已经知道，树中任何两个顶点之间有且只有一条点不重路。树的这一特点可以应用在编码理论上。

例 4.1 第一章里的"编码问题"是：假如按下列方法编一个二进制码（见图 4.1（2））：

E	N	O	S	Y
10	001	011	11	00

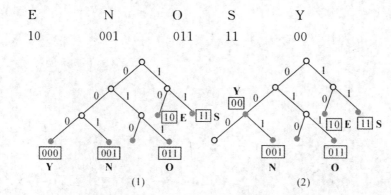

图 4.1　二分树与编码

那么一个没有分隔符的密码 001011 既可以译成"YES"（00，10，11）又可以译成"NO"（001，011）。消除这种歧义的一种方法是：作一个树，它的每个顶点向下只有两个分叉（这称为二分树），左侧边表示码字 0，右侧边表示码字 1。或者说，每个父亲都有且只有两个儿子，到左儿子的边代表 0，到右儿子的边代表 1，见图 4.1（1）。由于从根到某顶点 只有一条点不重路，把这条点不重路所经过的边上的码字依次排列就得到一个二进制数，这个数可以代表该顶点。这时，当我们取图 4.1（1）的五个树叶的二进制数作为编码时：

E	N	O	S	Y
10	001	011	11	000

刚才那个没有分隔符的密码 001011 就只能译为

001	011
N	O

不会产生歧义。这是因为从根到任何一个树叶的点不重路，不会经过另一个树叶。而先前那种编码方法画到二分树上后（见图 4.1（2））可以看到从根到树叶 N（编码为 001）的点不重路恰好经过另一个编码点 Y（00），但是 Y 不是树叶，从而产生歧义。我们仅对 "Y" 的编码在原来 的 "00" 上加一个码字 "0" 成为 "000"，也就是把 "Y" 顶点移到树叶上，就消除了歧义。

（2）谣言传播

要解答 "已知某些村民日常相互交谈，有一个谣言能否传遍全村？" 的问题，我们作一个图，每个顶点表示一个村民。若某两个村民日常相互交谈，则在相应的两个顶点之间连一条边。当所作图连通时，即存在生成树时，此谣言能传遍全村，否则就不能传遍全村。

（3）街与广场命名问题

我们已经证明，任何一个树，它的边数总等于它的顶点数减一。实际上，这是因为树无圈，从而除了根这个顶点外，每条边都可以与它两端点中离根远的端点配对，因此它的边数比它的顶点数少一（缺一条边与根配对）。

街与广场命名问题（第一章智力游戏（2））有一个前提，那就是 "任何两个广场之间，最多只有一条街相连"。当我们以广场为顶点，以街道为边作一个图 G 时，这一前提就是图 G 为简单图。在此前提下，我们要问：

（i）什么情况下，每条街都可以用它一端的广场来命名？

（ii）什么情况下，每个广场都可以用与其相连的某一条街来命名？

问题（i） 在下面两种情况下有解。

情况一：图 G 是一个（无向）树。

例 4.2 像图 4.2 那样的树（图中箭头的含义在下面说明）。前面已经说过，一个树除去根以外，每一边均可以与它端点中离根较远的那个端点（即"儿子"）配对。这样，每条街道都可以用离根远的那一端广场来命名。图 4.2 中，每条街道都可以用它箭头所指的广场来命名。

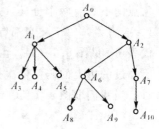

图 4.2 十一个顶点的无向树

情况二：图 G 中有一个圈 C，去掉 C 的所有边后，任一连通分支都是树，而且这些树都以圈 C 上某一点作为根。

例 4.3 像图 4.3 那样，去掉 C 的所有边后，五个连通分支全为树（注意：零度点 A_2 与 A_5 本身也算一个树），分别以圈 C 上的 A_1、A_2、A_3、A_4 和 A_5 作为根。由于圈 C 上的顶点数和边数相等，所以 C 上的每条街可按逆时针方向（也可按顺时针方向）用其前一端的广场来命名。每个（连通分支）树形上的街道按情况一命名。由于它们的根都在圈 C 上，树形上的街道不会以圈 C 上广场来命名。这样，每条街均可与一个广场配对。图 4.3 中每条街用其箭头所指广场命名。

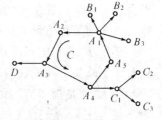

图 4.3 图 G 中有一个圈 C，且去掉 C 的所有边后，任一连通分支都是根在 C 上的树

问题（ii） 在图 G 为树时无解。这是因为树的边数（街道数）比顶点数（广场数）少一，所以每个广场不可能取不同的街名。但是，问题（i）的情况二，既可以使每条街以其一端的广场命名，又可以使每个广场以与其相连的一条街来命名。即顶点与边恰好一一配对，而无剩余的顶点或边。实际上，这是以下更广泛的情况的一个特例。

当图 G 连通但不是树的时候，问题（ii）都有解。因为此时，它的边数就大于或等于顶点数，我们可以用"破圈法"删去它的若干条边，使其成为（生成）树。

例 4.4 图 4.4 中删去三边（以虚线表示）后成为树。然后任选一条删去边，比如选边 AK，以它的任一端作为生成树的根，例如取 A 为根。则生成树中除根 A 外，顶点可与边配对。也就是说，除广场 A 以外，每个广场均可用与其相连的一条街来命名。最后，我们以删去边 AK（街）来命名根（广场）A。图 4.4 中箭头所在的街与箭尾所在的其他广场配对。

图 4.4 图 G 删去三边后成为树

（4）连结问题与贪心算法

树是给定顶点后边数最少的连通图。 因为，若它有圈的话，可用"破圈法"，即减少边数来把它变成树。这一性质在实际中有十分重要的应用。

例 4.5 （连结问题）有五个城镇，要筑一条公路把它们连结起来，两镇直接连结，或经由其他镇连结都可以。每两个城镇之间的公路造价见图 4.5 各边上括号中所注数字，即边的权数，其单位为万元。问：这条公路该如何建造，能使总费用最少？

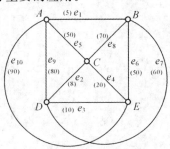

图 4.5　连结问题

解： 这可以归结为求连结五个顶点的各边权数（费用）之和最小的一个生成树（图论中叫**最小生成树**或**最优树**）。为什么答案一定是树呢？因为假如不是树，又要求连通，那么它一定有圈。去掉圈中一边（等于少建一条公路）得到的新图仍连通，而新图的公路总造价显然比原来低，所以不是树的连通图，它的公路总造价一定不是最少。

怎样来求最优树呢？"数学方法的功能不仅表现在为科学研究提供抽象而简洁的形式化语言，还表现在为科学研究提供数量分析和计算方法。"最优树的问题可以在计算机上用以下算法来求解。

克鲁斯克尔（Kruskal）的贪心算法：

（ⅰ）先把各边按权数（造价）从小到大排好次序，权数相同的，哪个先哪个后都可以。图 4.5 中 AB 边排第一，在它的权数 5 旁标以 e_1；CD 边排第二，标以 e_2；AC 和 BE 两边的权数都是 50，我们让 AC 排第五，记为 e_5，BE 为 e_6，直到 AE 为 e_{10}。

（ⅱ）就像让一个贪心的孩子随便挑吃苹果时，每次总挑最大的吃一样，我们每次挑出权数最小的边，即排在前面的边，连结它的两个端点：先用 e_1 连结 A、B，再用 e_2 连结 C、D，e_3 连结 D、E，（见图 4.6（1）、（2）、（3））这样一条边、一条边地加上去。

（ⅲ）当贪心的孩子虽然挑到了最大的苹果，但发现苹果是烂的时候，他一定会扔掉。同样，当一条新边加上去以后，产生一个圈，例如图 4.6（4）中，当连结 C、E 后将 e_4 加上去，产生圈 $CDEC$，则这条边就废弃不用，而加下一条边。

（iv）如此继续，直到边数等于顶点数减一，这时已经得到一个树。可以证明，这个树就是所要求的最优树。

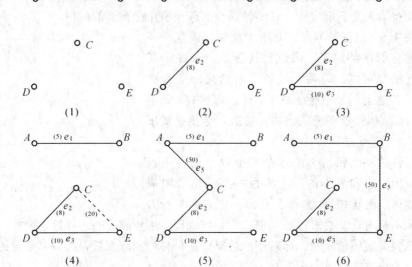

图 4.6　求最优（生成）树的步骤，（5）与（6）都是最优树

图 4.6（5）所示的树就是答案，公路总造价为

$$5+8+10+50=73（万元）$$

注意，当各边权数互不相同时，答案（最优树）是唯一的。否则最优树不唯一，但它们的总造价是一样的。如本题，假如我们让 BE 边为 e_5，AC 边为 e_6，那么，按贪心算法得到的最优树如图 4.6（6）所示，它的总造价也是 73 万元。

第四章习题

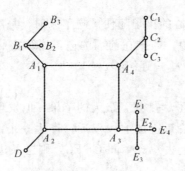

图 4.7　广场与街道

习题 4.1　图 4.7 的每条街（边）是否都可以用它一端的广场（顶点）来命名，或每个广场都可以用与其相连的某一街来命名？若不可，请说明理由，若可以，请给出答案。

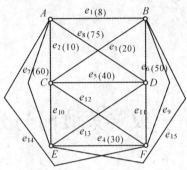

图 4.8　6 个城市的连结问题

习题 4.2　图 4.8 的 6 个顶点表示 6 个城市，要筑一条公路把它们连结起来，两市直接连结或经由其他市连结都可以。每两个城市之间的公路造价见图 4.8 各边上括号中所注数字，单位为万元（所有边已按造价从小到大编号，从 e_9 开始往后，造价都大于 75 万元）。问：这条公路该如何建造，使总费用最少？（没有必要每一步画一个图）

5

最短路——狼羊菜渡河与分油问题

有了"路"的概念以后，我们就可以用图论的方法来解狼羊菜渡河与分油问题。因为在图论中，它们都是"最短路"问题。先看如何用标号算法来求解最短路问题。然后我们再把狼羊菜渡河与分油问题化为最短路问题来解。

（1）解最短路问题的标号算法

例 5.1 图 5.1 中各边上的数字表示各街道的长度，试找出一条从 A 到 I 的最短路。

对于图 5.1 所示的简单问题我们可以设法凑出答案来。但这不是科学的方法。并且，用凑的方法对于比较复杂的图就无能为力了。下面介绍的方法是狄克斯脱拉（Dijkstra）在 1959 年提出的，称为标号算法。用这种算法编成程序，不管多么复杂的最短路问题都可在电子计算机上计算。标号算法的"标号"有点像公路两旁的里程碑。现在你可以把"标号算法"的过程想象为给图上每

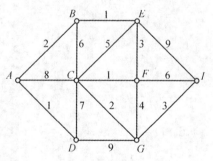

图 5.1　最短路问题

个顶点立一块里程碑的过程。不过在这里，当树碑工作结束时，每一处碑上的数目表示从起点 A 到该处的最短里程数（表 5.1 与图 5.2 中用花括号表示）。每一个阶段，给未树碑的顶点算出一个里程估计终值，然后给取值最小的一个顶点树碑。而最小值就是起点 A 到被标号顶点的最短里程数。

狄克斯脱拉（Dijkstra）标号算法

（ⅰ）每个阶段用上阶段中刚树碑（标号）的那个顶点作为出发点来考虑。最开始以起点作为出发点，它的里程数当然应为〔0〕。先给每个未树碑的顶点按以下方法算出一个里程估计初值：

对与出发点邻接（有边相连的两顶点称为邻接）的顶点来说，这个初值等于出发点的（最短）里程数加上出发点到该顶点的那条边的长度。其他不与出发点邻接的顶点，这个初值取一个很大很大的数，例如取所有边上长度的总和，或更大，用 ∞（无穷大）表示。

（ⅱ）对每个未树碑的顶点用本阶段得到的里程估计初值与上阶段得到的里程估计终值比较，取较小的那个值作为本阶段的里程估计终值。第一阶段，此终值就等于里程估计初值，因为起点的里程数为〔0〕。

（ⅲ）在所有的估计终值中求出最小的，给那个顶点树碑。此顶点是下一阶段计算里程估计初值的出发点。有多个顶点取到最小值的，任意取定一个。

（ⅳ）记住上述最短里程数是由前阶段哪个已树碑的顶点的标号值再加上哪条边的长度得到的，记录下这条边（图中把它描成粗线），最短路是这些边与所有顶点组成的子图（后面我们会看到，这是一个树形图）中的一条点不重路。

解：初始阶段（阶段 0）给起点 A 标号（树碑）〔0〕。与 A 邻接的顶点是 B、C、D，它们各自的里程估计初值与终值一样，分别为边 AB、AC、AD 的长度 2、8、1（见图 5.2 (1)）。其他顶点均为∞。三数的最小值为 1，顶点 D 取得此最小值，给 D 标号〔1〕（见图 5.2 (2)）。下一阶段（阶段 1）以 D 为出发点，与它邻接但未标号的顶点为 G 与 C。它们的里程估计初值各为〔1〕＋9＝10 和〔1〕＋7＝8，而它们在上一阶段的里程估计终值各为∞和 8，取其小者，得本阶段的里程估计终值分别为 10 和 8，本阶段最小里程估计终值为 B〔2〕，需描粗的边为 AB，见图 5.2 (2)。如此继续。对照图 5.2，七个阶段的标号过程在表 5.1 中列出。七个阶段〔0〕～〔6〕对应图 5.2 的 (1)～(7)。表上标出本阶段的出发点的标号（写在〔 〕中），与出发点邻接但未标号的顶点的里程估计终值（写在｛ ｝中）以及那条要记录的邻接边的长度（写在（ ）中）。

表 5.1　**Dijkstra 标号算法解例 5.1 的过程**

阶段	本阶段出发点	顶点的里程估计终值								算法记录的边（边长）
		A	B	C	D	E	F	G	I	
〔0〕	A	｛0｝	2	8	｛1｝	∞	∞	∞	∞	AD (1)

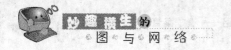
续表

阶段	本阶段出发点	顶点的里程估计终值							算法记录的边（边长）
		A	B	C	D	E	F	G	I	
[1]	D		{2}	8		∞	∞	10	∞	AB (2)
[2]	B			8		{3}	∞	10	∞	BE (1)
[3]	E			8			{6}	10	12	EF (3)
[4]	F			{7}				10	12	FC (1)
[5]	C							{9}	12	CG (2)
	G							{9} +3= {12}		GI (3)
[6]	F							{6} +6=		或 FI (6)
	E							{3} +9=		或 EI (9)

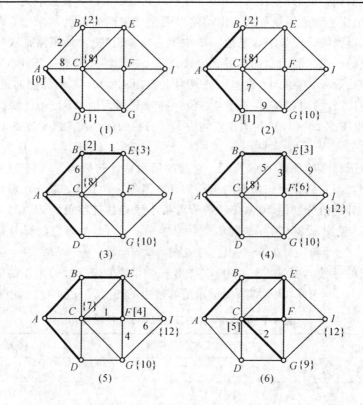

(1)　　(2)

(3)　　(4)

(5)　　(6)

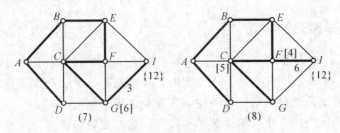

图 5.2 例 5.1 的标号过程与最短路树形图 [见 (7) 或 (8)]

注意，在最后阶段顶点 I 的最短里程数为 {12}，他既等于 G 的最短里程数 {9} 加上边 GI 的长度 3，也等于 F 的最短里程数 {6} 加上边 FI 的长度 6，还等于 E 的最短里程数 {3} 加上边 EI 的长度 9。所以，最后一条最短路上的边可以是 GI、FI 或 EI 三者之一。若取边 GI，则 A 到 I 的最短路应沿着图 5.2 (7) 的粗线边前进所得，为 $ABEFCGI$。若取边 FI，则 A 到 I 的最短路应沿着图 5.2 (8) 的粗线边前进所得，为 $ABEFI$。最短路还可以是 $ABEI$。但不管怎样，最短路的总路程都是 12。

另外，标号算法不仅算出了 A 到 I 的最短路，还同时算出了 A 到其他顶点的最短路。而且图 5.2 (7) 和 (8) 的粗线边与原图所有顶点构成的子图不是一条路，而是原图的一个生成树，称为原图的最短路树形图，不要与原图的最优树（如果把边长看成权数）混淆。这里 (7) 碰巧也是原图的最优树（总权数为 13），但 (8) 不是（总权数为 16）。从 A 到某顶点的最短路，正是这个生成树上从 A 到该顶点的点不重路（这是唯一的）。例如，从 A 到 D 的最短路只有一条边 AD，而从 A 到 G 的最短路为 $ABEFCG$。

当我们熟练掌握标号法后，不用列表，可以直接在原图上标号与加粗最短路上的边。而且用方括号内的前后两个数表示阶段序号与最短路长。例如，图 5.2 的 (1) ～ (7) 可浓缩为图 5.3。从 A 到某点的最短里程数就是树形图上从 A 到该点的路长（各边长度之和）。其中，F 的标号记为 [4, 6]，表明 F 的阶段序号为 4，从 A 到 F 的最短里程数为 6。

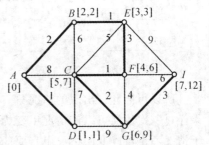

图 5.3 最短路问题的标号过程与树形图

（2）狼羊菜渡河问题

例 5.2 一个人带了一只狼、一只羊、一棵白菜用一条小船渡过河去。但是每次只能载一个人和一件东西。人不在时，狼会吃羊，羊会吃菜。找出一种渡河次数最少的方案，把狼羊菜一样不少，都安全地带过河去。

解： 要用图论的方法来解决狼羊菜渡河问题，先要解决这一问题中顶点是什么。其顶点显然不是代表"人、狼、羊、菜"这四个对象，否则顶点间存在怎么样的二元关系呢？实际上，渡河过程是不断改变"人、狼、羊、菜"在河的两岸的情况。为明确起见，假定是从河的左岸渡到河的右岸。我们作一个图，它的顶点是渡河过程中出现的各种情况。先不考虑"人不在时，狼会吃羊，羊会吃菜"这个条件，而只考虑人、狼、羊、菜在河的左、右岸的分布情况。开始时，人与狼、羊、菜都在河的左岸，河的右岸是空的，我们用图 5.4 的情况（1）（ 人狼羊菜 | 空 ）来表示：方框左边是目前在河左岸的情况，右边则是在河右岸的情况。这样，所有可能出现的情况有图 5.4 所示的 16 种。当我们考虑了"人不在时，狼会吃羊，羊会吃菜"这个条件后，就会发现这 16 种情况中，（5）、（6）、（7）、（9）、（10）和（15）这 6 种情况是不允许的，例如情况（7），河右岸的狼会吃羊。

图 5.4 人、狼、羊、菜所有可能出现在河两岸的 16 种情况

所以可能允许出现的情况只有 10 种，也就是说，所作的图有 10 个顶点。如果经过一次渡河可以使情况甲变为情况乙，则在相应的两个顶点间连一条边。由于情况乙也可以变回情况甲（原船返回），这里连的边没有方向。另外，人在左岸与人在右岸各有 5 种情况。由于每次渡河是人驾船从河的一岸到另一岸，人在河的同一岸的 5 种情况（5 个顶点）之间不可能有边相连。也就是说，这是一个二部图。我们把人在左岸的 5 个顶点放在上面，而把人在右岸的 5 个顶点放在下面，这样得到图 5.5。而渡河方案就化为找一条从顶点 A（ 人狼羊菜 | 空 ）到顶

点 J（ 空 | 人狼羊菜 ）的路。

在图 5.5 中有一条路，就对应一个渡河方案。当我们不但要求渡过河去，还要求渡河的次数最少，那么我们把图的每一条边的长度都看作 1，此时路的总长度就是路的边数，也就是渡河的次数。因此，问题就化为求 A 到 J 的最短路问题，从而可以用标号算法来求解。

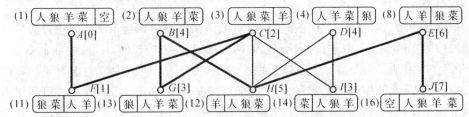

图 5.5 狼、羊、菜渡河问题化为最短路问题

图 5.5 的各顶点的最短里程数已经标在它的旁边。图上用粗线边画出了一条最短路 $AFCGBHEJ$，共渡河 7 次。另外还有一个渡河方案为 $AFCIDHEJ$，也是 7 次。原因是作到第三阶段时，最小的里程估计终值是 3，而顶点 G 与 I 都取到这个最小值。当我们先给 G 标号时，得到前一个方案，若先给 I 标号，就得到后一个方案。

也许你会说："我在小时候，不知道什么标号法，也能凑出答案来啊。"但你怎么知道你的答案是渡河次数最少的方案呢？在图论中，我们可以严格证明用标号算法求出的路一定是最短路，在这里就是渡河次数最少。而且实际上你是不自觉地用了上面这种解题思路，这里只是用严格的"图论语言"，把你"凑"的过程表述出来。

（3）分油问题

例 5.3 怎样用三个无刻度但知道装满时分别为 8 两、5 两与 3 两的三个瓶子把 8 两油平分为两个 4 两。

解：怎样把它化为最短路问题呢？有了解决狼羊菜渡河问题的经验，易知我们应该作一个图，把三个瓶里装油的情况作为图的顶点。用（5，3，0）表示八两瓶装 5 两油（左边数），五两瓶装 3 两油（中间数），三两瓶空着（右边数）这一情况，其他类推。如果情况甲可以经过倒一次油转化为情况乙，则应连一条从顶点甲指向顶点乙的有向边；假如情况乙也能经过一次倒油转化为情况甲，则应把两条方向相反但两端点相同的有向边合并为一条无向边。否则只有甲指向乙的有向边。例如情况甲（3，2，3）可以经过把三两瓶里的 3 两油全部倒入八两瓶中，成为情况乙（6，2，0），而情况乙也能把八两瓶中的 6 两油倒 3 两油装满三两瓶，剩下 3 两，即变为情况甲。此时顶点甲、乙有一条无向边相连。另外，情况甲可以把五两瓶中的 2 两油倒入八两瓶，成为情况丙（5，0，3）。但是情况丙不可能变为情况甲，因为从八两瓶中往五两瓶中倒油时，只能把五两瓶装满，或者把八两瓶中不多于 5 两的油全部倒过去。这样，只有一条从情况甲指向情况丙的有向边。

确定了顶点和边后，如何布置所有可能的顶点与边，使得到的图比较清楚而且匀称呢？由于三个瓶中油的总和是 8 两，即对任一情况（a，x，y），我们有 $a+x+y=8$。因此，定下（x，y）这后两个（五两瓶与三两瓶中油的重量）数，也就定下了 a（八两瓶中油的重量），从而确定情况（a，x，y）。而（x，y）可看作坐标平面上横坐标为 x，纵坐标为 y 的点。因为对五两瓶来说，$0 \leqslant x \leqslant 5$，而对三两瓶来说，$0 \leqslant y \leqslant 3$，因此，所有可能的顶点都在连结 A（0，0），B（5，0），C（5，3），D（0，3）[分别对应于（8，0，0），（3，5，0），（0，5，3），（5，0，3）这四种情况]的矩形内，见图 5.6。

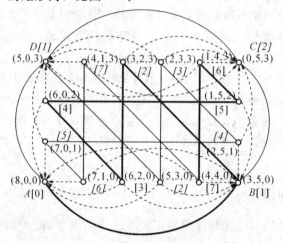

图 5.6　分油问题化为最短路问题

我们再注意到这样的事实：每次从甲瓶往乙瓶倒油，必须是甲瓶倒空了，或者乙瓶倒满了才算倒完。因此，每倒完一次，三个瓶中必有一个瓶是空的，或有一个瓶是满的。进一步分析可以看到：

（1）八两瓶是空的，即 $a=0$，只有 C（5，3）所代表的情况（0，5，3）；八两瓶是满的，即 $a=8$，只有 A（0，0）所代表的情况（8，0，0）。

（2）五两瓶是空的，即坐标 $x=0$，其顶点必在 A（0，0）与 D（0，3）的连线上（此连线的方程正是 $x=0$）；五两瓶是满的，即坐标 $x=5$，其顶点必在 B $(5，0)$ 与 C $(5，3)$ 的连线上。

（3）三两瓶是空的，即坐标 $y=0$，其顶点必在 A $(0，0)$ 与 B $(5，0)$ 的连线上（此连线的方程正是 $y=0$）；三两瓶是满的，即坐标 $y=3$，其顶点必在 C $(5，3)$ 与 D $(0，3)$ 的连线上。

总之，所有可能的顶点只对应于矩形 $ABCD$ 的四条边上的整数点。矩形内部没有顶点。最后得到图 5.6。为醒目起见，有向边画成虚线。这样分油问题就变成在图 5.6 中把各边长度看作 1 时，求一条从 $(8，0，0)$ 到 $(4，4，0)$（因为三两瓶装不了 4 两油，所以不可能是 $(0，4，4)$）的最短路。

图 5.6 中有的边是有向边，相当于实际生活中的单行道，只准车辆顺着箭头方向前进，而不准逆行。因此，前面用于无向图的标号算法要作小小的修改，才能在包含有向边的图中使用：每一阶段选定出发点 M 以后，凡是箭头指向 M 的有向边可以从图中删去。这是因为，一条从其他顶点 N 指向 M 的边，只允许从 N 出发，沿着此边到 M。在本阶段计算里程估计初值时，要求从 M 出发，而 M 到 N "不准通行"，所以 N 的初值为 ∞。此时只有当 N 在上一阶段的里程估计终值很小时，它才有可能在本阶段结束时被标号。并且，那条被记录的边，一定是在 M 前面被标号的某个顶点指向 N 的有向边或连结 N 的无向边。也就是说，从 N 指向 M 的有向边不会在标号过程中被记录。在以后阶段中，轮到 N 作为出发点时，由于 M 已经标号，从 N 指向 M 的有向边已不必考虑。

$$(8,0,0) \longrightarrow (3,5,0) \longrightarrow (3,2,3) \longrightarrow (6,2,0) \longrightarrow$$
$$(6,0,2) \longrightarrow (1,5,2) \longrightarrow (1,4,3) \longrightarrow (4,4,0)$$

图 5.7 倒油次数最少的方案

标号算法用于图 5.6 时，几步之后，那些画虚线的有向边可以全部删去：第一阶段，指向 A $(8，0，0)$ 的 6 条有向边可以删去。并且由于顶点 B $(3，5，0)$ 与 D $(5，0，3)$ 的最短里程数为 [1]，所以它们是第二、三阶段的出发点，指向它们的各 6 条有向边紧接着被删去。同样，由于 C $(0，5，3)$ 的最短里程数为 [2]，很快轮到它作出发点，最后剩下的指向它的 6 条有向边也被删去。所以对图 5.6 施用标号算法，实际上只要对删去全部有向边后的无向图 G_1 施用标号算法。若对 G_1 采用图 5.3 所示的用 $[a，b]$ 两个数的标号法（a 表示序号，b 表示从 A 到标号顶点的最短里程数）的话，我们可得 A [0]、B [1，1]、D [2，1]、C [3，2]……但这里只标记每个顶点的最短里程数 b，标在图 5.6 的顶点旁。从 $(8，0，0)$ 到 $(4，4，0)$ 的最短路用粗线边画出，其上的顶点的标

号用正体，例如 B [1]。其他顶点的标号用斜体，例如 C [2]。倒油次数最少的方案如图 5.7 所示（倒 7 次）。你可以用列表的方法（参见表 5.1）来算一下，看看图 5.7 所示的结果对不对。

同类的问题还有："用装满为十两、七两、三两这三个瓶，如何把 10 两油平分为两个 5 两，并且使倒的次数最少？"这一问题请读者自己试试，找到它的答案。如果用"凑"的方法，找到的答案可能不是倒的次数最少。例如，图 5.6 中斜体字所示的顶点，按所标数字的顺序排列得到另一种倒油方案，但倒 8 次，不是倒油次数最少。

注意分油问题并不是都能找到答案。像以下的分油问题，就不存在分法。

例 5.4 能否用装满为六两、四两、二两这三个瓶，把 6 两油平分为两份？

解：这个问题我们可以通过像前面那样的分析，知道所有可能的顶点对应于矩形 A (0, 0) B (4, 0) C (4, 2) D (0, 2) [相对于情况 (6, 0, 0)、(2, 4, 0)、(0, 4, 2)、(4, 0, 2)] 的四条边上的整数点。见图 5.8。注意，从其他顶点指向 A、B、C、D 中任一个都有四条有向边。例如，从 (5, 1, 0)、(5, 0, 1)、(4, 2, 0) 和 (3, 3, 0) 都有指向 A 的有向边。再根据图 5.8 关于矩形中线与中心的对称性，指向 B、C、D 各有四条有向边。图 5.8 没有画出这些有向边，因为根据与前面同样的道理，这些有向边都可以全部删去。另外，为醒目起见，图 5.8 的顶点画为实心与空心两种圆圈，边画为虚线与实线两种线条。按照标号算法（只标最小里程数），首先出发点 A 获得标号 [0]，它的邻接点 B 与 D 获得标号 [1]。接着以 B 与 D 为第二、三阶段的出发点，B 的邻接点 C 和 (2, 2, 2) 得标号 [2] 以及 D 的邻接点 (4, 2, 0) 也得标号 [2]。这时图 5.8 中画为空心圆圈的顶点已全部得到标号，但此后所有画为实心圆圈的顶点，里程估计终值全部为 ∞，无法得到标号（删去所有有向边后的无向图不连通，而是分别由空心圆圈与实心圆圈为顶点而形成的两个连通分支）。也就是说，无论怎样倒油，都不可能倒出实心圆圈所表示的那种情况，包括 (3, 3, 0)。因此不存在从 (6, 0, 0) 到 (3, 3, 0) 的（最短）路。这就证明了用六两、四两和二两这三个瓶把 6 两油平分为两份的分法是不存在的。

最后要说明的是，不仅仅上面那些智力测验题可以化为最短路问题，重要的是，许多实际问题的数学模型

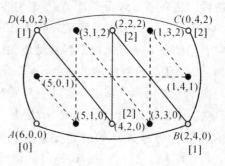

图 5.8 一个无解的分油问题

都是最短路问题。例如，随着印刷电路与集成电路的复杂程度日益增加，必须用求最短路的算法来解决其走线与元件布局问题。

第 5 章习题

习题 5.1   用分别可装 10 两、7 两、3 两油的 3 个瓶，如何把 10 两油平分为 2 个 5 两，并且使倒的次数最少？

习题 5.2   试证明"用 16 两、12 两和 7 两这 3 个瓶把 16 两油平分为两份"的分法是不存在的。注意这里与以前不同：最大瓶容量 ≠ 其他两瓶最大容量之和。所以 16 两瓶空时有 4 种情况：(0, 12, 4)，(0, 11, 5)，(0, 10, 6)，(0, 9, 7)。

习题 5.3   图 5.9 中各边上的数字表示各街道的长度，试找出一条从 A 到 K 的最短路。

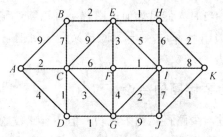

图 5.9   最短路问题

〈〈〈 *6*

一笔画——七桥难题——握手定理

我们现在来看看，当时人们是如何试图解决哥尼斯堡城的七桥难题（见第一章智力测验（3）与图 1.1），而大数学家欧拉又是如何把它化为一笔画问题以及有关一笔画的结论。

（1）欧拉关于七桥难题的结论

当时好多人试验过不少路径，均未成功。但还有比较聪明的人，想出一种系统的试验方法：先把七座桥从 1 到 7 编上号，如果存在一种这样的散步方案，那么把走过的桥的号码从左到右写出来就是 1—7 这七个数字的一个排列（相当于七个人的一种排队方式）。比如依次走过 1 号桥、3 号桥、5 号桥、6 号桥、4 号桥、2 号桥、7 号桥，那么写出来的排列就是 1356427。因此如把所有的排列写出来：

$$1234567，1234576，1234657，1234675，\cdots$$

一共有

$$7×6×5×4×3×2×1=7！=5040$$

个排列。然后一个一个试。它比乱试要好，只要有时间，花几十个小时肯定可以试完。但这种方法仍然很不理想。假如桥数增加到 20 座，所有可能的排列是个可怕的天文数字：

$$20！=243\ 2902\ 0081\ 7664\ 0000≈2\ 433\ 千万亿。$$

如用一台每秒钟计算 1 亿次的电子计算机来试，每次可试一种方案，要花 760 多年才能试完。

所知既蓄，所见自高，欧拉究竟不愧为大数学家，他不是一个一个去试，而是首先抽去"七桥难题"的表面现象，抓住问题的本质。在这个问题中，陆地与岛屿的大小、桥的长短都无关紧要，重要的是哪座桥连结哪两块地方。因此，他把四块地方（岛 A 和三块陆地 B，C，D）各缩成一个点，七座桥变成七条边，把"七桥难题"化成了图 1.2 所示的"一笔画问题"，即是否可以不重复地一笔画出来，并且回到出发点。这里所说的"一笔画"是指：笔不准离纸，把图的每一条边都画出来，每条边不许重复，但任何一个顶点允许多次经过。

欧拉在 1736 年发表了图论方面的第一篇论文《依据几何位置的解题方法》，宣布"七桥难题"是无法解决的，即不存在从某地出发，走遍七座桥，且每座桥只经过一次，最后回到原地。

为什么呢？因为假如存在这样的散步方案，就等于图 1.2 可以一笔画出来。而一个图能一笔画出来且回到出发点的话，对每个顶点来说，从一条边画进去，必须从另一条边画出去。也就是说，每个顶点连结的边数一定是偶数，即每个顶点的度数都应该是偶数（这样的顶点叫偶顶点）。而图 1.2 中，四个顶点的度数全是奇数（称之为奇顶点），所以这是不可能的。

你看，解决得多么的机智，多么的巧妙！在这里，我们看到了数学方法所具有的抽象能力和严密推理功能是如何帮助人们超越感性经验，撇掉现实问题中许多无关紧要，却容易障人耳目的表面现象，紧紧地把握住问题的本质的。我们看到了数学方法是如何轻而易举地解决了那种单靠日常的自然语言所无法解决的难题的。

亲爱的读者，难道你不想插上数学的翅膀，在科学的蓝天上自由翱翔吗？

(2) 一笔画定理

欧拉不仅解决了"七桥难题"这单个问题，而且给出了判别任何一个图是否可以一笔画的简单易行的准则，我们称它为**一笔画定理**：

（ⅰ）若一个图能一笔画完，且回到起点，则该图连通，并且所有顶点为偶顶点。反之亦对，即假如一个图连通，并且所有顶点为偶顶点，则可以从任何一点出发，一笔画完这个图，而且回到出发点。

这样的一笔画就是一条**包含图中全部边的边不重回路**，称为**欧拉回路**。有**欧拉回路的图，称为欧拉图。**

（ⅱ）若一个图能一笔画完，但回不到起点，则该图连通，并且除一笔画的起点和终点为奇顶点外，其余均为偶顶点。反之亦对，即假如一个图连通，并且仅有两个顶点为奇顶点，则可以从其中任何一个奇顶点出发，一笔画完这个图，最后画到另一个奇顶点。

这样的一笔画就是一条**包含图中全部边的边不重路**，称为**欧拉路**。有**欧拉路**

的图，称为半欧拉图。

因此，一个图当且仅当它连通并且最多只有两个奇顶点时，才可以一笔画，包括可以回到出发点与回不到出发点两种情况。

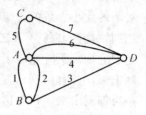

图 6.1　挪动 6 号桥，
横跨 AD

例 6.1　当我们把图 1.2 中连结岛 A 与陆地 C 的 6 号桥挪一下位置，让它横跨在 A、D 之间（见图 6.1），这时，仅 A、B 两顶点为奇顶点。那么我们可以从 A（或 B）出发，一次散步走遍这七座桥，且每座桥只经过一次，最后到达 B（或 A），例如 A1375642B. 可见，问题的本质在于桥的位置，也就是图中顶点之间的二元关系。

例 6.2　在 A、D 之间增建 8 号桥（见图 6.2，其中 8 号桥画为虚线）。这时，仅 B、C 两顶点为奇顶点。那么我们可以从 B（或 C）出发，一次散步走遍这八座桥，且每座桥只经过一次，最后到达 C（或 B），例如 B12348756C. 这种添加一条边"消灭"两个奇顶点的技巧在多笔画定理证明中同样应用。

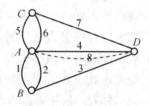

图 6.2　A、D 之间
增建 8 号桥

一笔画定理是可以严格证明的，有兴趣的读者可以参看姜伯驹先生著的《一笔画与邮递路线》。

（3）握手定理

读者可能要问：一个图要是只有一个奇顶点，会是什么情况呢？我们现在来说明，这种情况是不会出现的。任何一个图，无论连通与否，它的奇顶点总个数必为偶数（零也算偶数，即没有奇顶点）。为证明这一点，必须先有以下结论。

握手定理：任何一个图，各顶点度数的总和等于边数的两倍，因此是个偶数。

这个定理为何叫作握手定理呢？那是因为你若用顶点表示人，两个人（各用一只手）在一起握了手，就在两顶点间连一条边，那么某顶点的度数，就是某人的手被握过的次数。握手总是两个人一起握，或说一对、一对地握。因此上述定理可形象地表述为"许多人在见面时握了手，则被握过的手的总次数等于握手对数的两倍。"

定理的正确性极易证明。因为每条边在它的两个端点计算度数的时候，各被计算了一次，正如每次握手，总是两只手握在一起，在计算被握过的手的总次数时，每只手各算了一次。因此各顶点度数总和应等于边数的两倍。

握手定理的推论：任何一个图的奇顶点的总个数是个偶数，从而奇顶点总是成对出现。

这是因为：全部顶点的度数总和＝各奇顶点度数总和＋各偶顶点度数总和。或者是

各奇顶点度数总和＝全部顶点的度数总和－各偶顶点度数总和。

而由握手定理，上式右边第一项，即被减数是偶数，而作为减数的那一项是一个个偶数相加，无论多少个偶数相加，结果仍为偶数。这样，右边是一个偶数减去另一个偶数，所以结果还是偶数。也就是说，左端项"各奇顶点度数总和"是个偶数。既然如此，又由于每对奇数相加，结果是偶数，倘如奇顶点不是成对出现，那么各奇顶点度数加起来的总和是个奇数，而不是偶数，与上面所述矛盾，所以奇顶点一定成对出现。这个推论的证明用了"偶数－偶数＝偶数"这样一个简单的事实。

下面来看两个用握手定理来解的智力测验题。

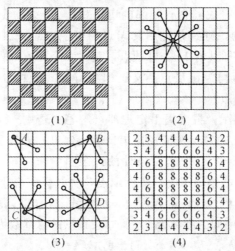

图 6.3　马在国际象棋盘上的不同跳法

例 6.3　在 8×8 的国际象棋盘上（图 6.3 (1)），马有多少种不同的跳法？这里，从 A 格跳到 B 格与从 B 格跳到 A 格算是同一种跳法。

解：作一个图，国际象棋盘的每一格对应图中一个顶点。一只马从一个格子经一次跳动跳到另一个格子，则在所对应的两个顶点之间连一条边。这时，原问题就化为"图中有多少条边？"这个图要真作出来，线条太多太乱，所以我们并未作出图来，而是先计算各顶点的度数（它等于某格子的马有几种跳到其他格子的跳法），然后求出总和，根据握手定理再除以 2。

由图 6.3（2）可见，位于中间粗线框中的 16 个格子，马在其中任何一格里都有 8 种不同的跳法，也就是说，相应 16 个顶点的度数都是 8。而在图 6.3（3）中，顶点 A 度数为 2，根据对称性，四个角上的顶点度数均为 2。顶点 B 的度数为 3，由对称性，与 A 及其对称点（即与四角）相邻的 8 个顶点度数为 3。顶点 C 的度数为 4，图中共有 20 个这样的顶点（与 B 及其对称点相邻的，再加上那些紧靠边框被这些相邻点夹在中间的顶点，详见图 6.3（4））。还有那 16 个像 D 一样紧靠中间粗线框的格子，对应的顶点度数为 6。所有顶点的度数都写在图 6.3（4）的格子中。因此所有顶点度数总和为

$$4×2＋8×3＋20×4＋16×6＋16×8＝336。$$

所以图中共有 $336÷2＝168$ 条边，即马在国际象棋盘上共有 168 种不同的跳法。如果你不用图论和握手定理，你会怎样凑出这个"一路发"的数字呢？如果改为中国象棋盘，答案又是多少呢？

例 6.4 二十五个顶点排成 $5×5$ 方阵，每个顶点用红色或蓝色染色，同行或同列且相邻的用边相连。一条边的两端点染同色的，则这条边用其端点的颜色染色，否则用黑色染色。已知共有 11 个红顶点，其中 8 个在方阵的四边上，但四角均为蓝顶点。又已知共有 24 条黑边。问共有几条蓝色边？

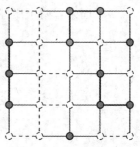

图 6.4　顶点与边均
染色的 $5×5$ 点阵

解： 本题不用画图，根据握手定理即可解答。否则九百个（顶）点排成 $30×30$ 方阵的图怎么画？这里，为了直观形象而作的图 6.4 仅是符合条件的许多图中的一个图（其中虚线弧空心小圆圈表示蓝色顶点，实线弧实心小圆圈表示红色顶点。粗实线表示红色边，粗虚线表示蓝色边，细实线表示黑色边）。每个在边上的红顶点度数为 3，而在中间的度数为 4，所以红顶点的总度数为

$$8×3＋（11－8）×4＝36。$$

其中 24 条黑边占 24 度（每条的一端为红顶点），另有（36－24）＝12 度，每条红边占两度（两端均为红顶点），所以共有 $12÷2＝6$ 条红边。

蓝顶点共有（25－11）＝14 个：

① 4 个在角上，每个为 2 度；

② （3 个顶点/边×4 边－8 个红顶点）＝4 个蓝顶点在四边，每个为 3 度；

③ （总数 14－4 个在角上－4 个在边上）＝6 个蓝顶点在中间，每个 4 度。

这样，

蓝顶点的总度数＝$4×2＋4×3＋6×4＝44$。

而边的总数＝总度数÷2＝（36＋44）÷2＝40。所以，

蓝边总数＝总边数－红边数－黑边数＝40－6－24＝10 条。

（4）一笔画的例子

例 6.5　在 8×8 的国际象棋盘上跳动一只马，要使马完成每一种可能的跳动，并且都恰好一次（见图 6.3），问：这是否可能？这里与例 6.3 一样，从 A 格跳到 B 格与从 B 格跳到 A 格算是同一种跳法。

解：本例应像例 6.3，作一个图，把本例的问题化为该图能否一笔画。马就是一支"画笔"，它跳动一次，相当于画下一条边。所以关键在于该图各顶点的度数，这已经在图 6.3（4）中给出。我们看到，该图有 8 个奇顶点，都是 3 度点，违反一笔画存在的充分必要条件，所以不能一笔画，即使不要求回到起点。也就是说，要马在国际象棋盘上完成每一种可能的跳动，并且都恰好一次是不可能的。如果换成中国象棋盘，是否可能呢？

要注意的是，这里的问题与要求"马跳遍每个格子，并且每格只跳过一次"是不一样的。因为，"一个格子"对应图中一个顶点，而"一种可能的跳动"对应一条边。本例是要求马"完成每一种可能的跳动"，此时马必定跳遍每个格子，只是跳过某些格子可以不止一次。它化为图论中寻求包含全部边的边不重路或回路（一笔画），肯定包含图的全部顶点，但某些顶点可以经过几次。而后者，要求每个格子都跳遍，但只准跳过一次。此时有的跳动可以不完成。它化为图论中寻求包含全部顶点的点不重路或圈，图的有些边可以不经过，但不能经过两次或两次以上。

像图 6.5 这样的"残棋盘"，一只马可以跳遍它的全部 15 个格子，并且每个格子只经过一次：图上格子中所标的数字即马跳动的顺序，马从右上角的 1 跳到 2，从 2 跳到 3，等等。读者可以像解例 6.3 那样自己证明（习题 6.2），在这样的"棋盘"上，一只马不可能完成每一种可能的跳动，且都恰好一次。由此可见，这两种问题是不同的。

10	5	12	1
15	2	9	6
8	11	4	13
3	14	7	

图 6.5　马可以跳遍每个格子且只经过一次的"残棋盘"

例 6.6　（国外的一道智力竞赛题）给定一个有 16 条线段构成的图形，见图 6.6 实线部分。证明不可能引一条折线，与每一线段都恰好相交一次。该折线可以是不封闭的，即头尾可以不相连，和自身相交的；但折线的顶点不在给定的线段上，而且边也不能通过图中的"缺口"处。

解：这个问题初看似乎与一笔画毫无关系，但它可以化为另外一个图的一笔画问题。我们把 16 条实线段看作是图 G 的边，把"缺口"看作图 G 的顶点，则图 G 的内部有 5 个区域，外部有一个区域。

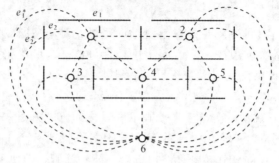

图 6.6　16 条折线构成的图 G 与它的对偶图 G^*

你可以把 16 条线段想象成 16 堵墙，则它们在内部"围出"5 块"空地"，外部另有一块"空地"。这些"空地"就是所说的"区域"。然后来作一个新图 G^*：在 G 的每个区域中取定一个点作为 G^* 的顶点，共 6 个顶点，用 1—6 这些数字来表示。图 G 的两块区域有一条公共线段时，则在 G^* 的对应的两顶点间连一条边，且与公共线段相交一次。例如，区域 1 与 6 之间有公共线段 e_1，则在 G^* 的顶点 1 与 6 之间连一条边 e_1^* 且与 e_1 相交一次。同时，它们还有公共线段 e_2，所以再在 G^* 的顶点 1 与 6 之间连一条边 e_2^* 与 e_2 相交一次，如此继续，得到图 G^*，它的边在图 6.6 中以虚线表示。图 G^* 叫作原图 G 的对偶图。它们有以下关系：

G^* 的顶点数 $=G$ 的区域数；

G^* 的边数 $=G$ 的边数。

当 G 连通的时候，G^* 的对偶图就是 G，即对偶图的对偶图为原图。这从图 6.6 也可以得到验证。现在你把 G^* 的弧形线改画为折线，就可以看出，原问题化为 G^* 能不能一笔画的问题。由于 G^* 有四个奇顶点，顶点 1、2、4 都是 5 度点，而顶点 6 为 9 度点，所以不可能一笔画。这就证明了不可能引一条折线与 G 的每条边都恰好相交一次。

下面我们给出一笔画定理在通讯理论中的一个重要应用。这个问题称作"电传机问题"或"高效率计算机鼓轮设计问题"。1940 年由古德（I. G. Good）用有向欧拉图给予解决，论文在 1946 年正式发表。

例 6.7　图 6.7 是一个旋转鼓轮，表面分为 16 段，每段由绝缘体或导体材料制成。绝缘段给出信号 0（无电流），导体段给出信号 1（有电流）。图中鼓轮当前所在的位置由四个触点按顺时针方向给出二进制读数 0010，相当于十进制的 2；把鼓轮按顺时针方向转过一段，读数将是 1001（十进制的 9）。但再转过两段，读数又是 0010。现在要问，这十六段哪段绝缘，哪段导通，该如何设计才能使它能够读出 16 个不同的四位二进制数？（见表 6.1）

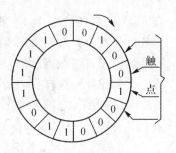

图 6.7　旋转鼓论

我们先花费一点口舌，讲一个把十进制数化为二进制数的"笨方法"：从 1 开始，一个一个往上加，如何得到 0～15 的二进制数。顾名思义，所谓"二进制"即加到满 2，本位记为 0，往上位进 1。所以 1+1=10（十进制数 2）。再加 1，不用进位：10+1=11（十进制数 3）。再加 1：本位为 0，往上进 1，但上位已有的 1 加上所进的 1，满 2，又要进 1：11+1=100（十进制数 4），等等，得到表 6.1。

表 6.1　十六个不同的四位二进制数（十进制数 0～15）

十进制	0	1	2	3	4	5	6	7
二进制	0000	0001	0010	0011	0100	0101	0110	0111
十进制	8	9	10	11	12	13	14	15
二进制	1000	1001	1010	1011	1100	1101	1110	1111

解：鼓轮的 16 段按顺时针方向依次用 P_1，P_2，……，P_{16} 来表示，每个符号都可以取 1 或 0。四个触点处的四段相继给出的四位二进制数，见图 6.8。问题在于这 16 个符号各自究竟取 1 还是 0。古德巧妙地把它化为图论问题。首先，他注意到，鼓轮每转过一段，前一个四位二进制数的前三位与后一个四位二进制数的后三位是相同的，如图 6.8 中 $P_1P_2P_3P_4$ 的前三位与 $P_{16}P_1P_2P_3$ 的后三位都是 $P_1P_2P_3$。乍一看，鼓轮每转过一段，就产生一次这种重叠的一组三位数，总共应该有 16 种这种情况，但因为这三个符号中每个符号可取 0 或 1，这样的两个数字在三个位置上的重复排列只有 $2^3=8$ 个，所以，不同的这种重叠的三位数只有 8 种情况（我们在解答问题后再详细解释，见本节末尾）。或者说，不同的三位二进制数共有 8 个，相当于表 6.1 中表示 0～7 这八个四位二进制数的左边第一位 0 全部去掉（或表示 8～15 这八个四位二进制数的左边第一位 1 全部去掉），所得到的八个三位二进制数。古德用这些数作为图的顶点。其次，图的边怎么取呢？比如顶点 $P_1P_2P_3$，若另一个顶点的后两位数与 $P_1P_2P_3$ 的前两位数 P_1P_2 相同，则画一条有向边，从另一个顶点指向 $P_1P_2P_3$。这样的顶点只有两个：$0P_1P_2$ 与 $1P_1P_2$，见图 6.9 的左下半部分。若另一个顶点的前两位数与

$P_1P_2P_3$ 的后两位数 P_2P_3 相同，则画一条有向边从 $P_1P_2P_3$ 指向另一个顶点。这样的顶点也只有两个：P_2P_30 与 P_2P_31，见图 6.9 的右下半部分。有向边是用一个四位二进制数表示的：用起点的三位数作它的前三位数，而用终点的末位数作它的末位数。这样，表示边的四位二进制数正好就是与鼓轮的 4 个触点接触的 4 段所表示的四位二进制数，见图 6.9 的上半部分。

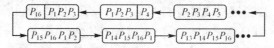

图 6.8 四个触点处的 4 段相继给出的 4 位二进制数

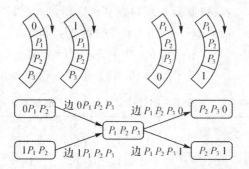

图 6.9 顶点 $P_1P_2P_3$ 的 4 个相邻顶点与有向边

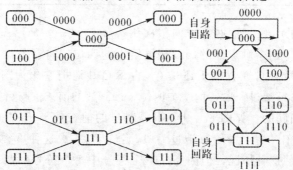

图 6.10 顶点 000 与 111 的自身回路

注意，对于顶点 000（$P_1=P_2=P_3=0$）与顶点 111（$P_1=P_2=P_3=1$）来说，按照图 6.9 的画法，得到图 6.10 的左半部分，其中有从 000 指向自己的边以及从 111 指向自己的边，这种边叫作**自身回路**。如果把图中三个 000 顶点或三个 111 顶点重合画为一个，就成了图 6.10 右半部分那样的图，自身回路就看得很清楚。

综上所述，可以得到 8 个顶点、16 条边的有向图 6.11。其中每个顶点的入度（箭头指向它的边数）与出度（箭头离开它的边数）都是 2。一条自身回路，入度与出度各算 1。

下面来求出图 6.11 的一条有向欧拉回路，即包含图中全部有向边恰好各一次的有向回路：从出发点往前走的时候，走的方向与每条边的指向一致。可以证明："一个有向图，当且仅当它的每个顶点的入度都等于它的出度时（不同顶点的入度、出度可以不同），图中存在一条有向欧拉回路。"实际上，每个顶点的入度、出度相等时，有几条边画进来，就恰好有同样的边数可以画出去，所以图中有一条欧拉回路。我们在解释无向图的一笔画定理的时候，已经使用过"画进来"、"画出去"这样的术语，实际上对于有向图来说才有货真价实的"画进来"——顺有向边方向，从别的顶点画到该顶点；"画出去"——从以该顶点为出发点的有向边画到其他顶点。

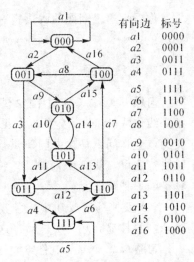

有向边	标号
$a1$	0000
$a2$	0001
$a3$	0011
$a4$	0111
$a5$	1111
$a6$	1110
$a7$	1100
$a8$	1001
$a9$	0010
$a10$	0101
$a11$	1011
$a12$	0110
$a13$	1101
$a14$	1010
$a15$	0100
$a16$	1000

图 6.11　解决旋转鼓轮
问题的有向图

图 6.11 各顶点的入度、出度均为 2，所以存在一条有向欧拉回路：按照图上各边的下标次序画，即

$$000 \rightarrow a1 \rightarrow a2 \rightarrow a3 \rightarrow \cdots \rightarrow a15 \rightarrow a16 \rightarrow 000$$

就是一条有向"一笔画"。然后，把各边所代表的四位二进制数的末位数（也可以都取第一位数或第二、第三位数）按顺时针方向排成一个圆圈，就可以得到图 6.12 所示的一种鼓轮设计方案。图上当前状态是以 $a16$ 的末位数排在最前面，紧接着是 $a1$，$a2$，$a3$……的末位数；或者 $a1$ 的第三位数排在最前面，紧接着是 $a2$，$a3$，$a4$……的第三位数。

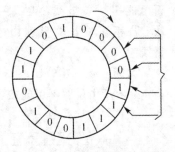

图 6.12　旋转鼓轮的
一种设计方案

现在让我们来看看，鼓轮转过 16 段后，总共产生了多少不同的"重叠"的三位二进制数（也就是前三个触点所表示的三位二进制数）。我们从图 6.12 最上面的触点开始，鼓轮按顺时针方向旋转，总共产生的 16 个三位二进制数是：

001，000，***000***，100，010，101，110，011，

101，***010***，***001***，***100***，***110***，111，***111***，***011***

前面已经出现过的三位二进制数用斜黑体字表示。你可以清楚地看到，不同的三位二进制数共有 8 个。

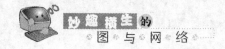
你看，这个问题的解决真有点出奇制胜。数学家的联想能力一点也不比文学家逊色！

第 6 章习题

习题 6.1　（1）中国象棋盘是 10 条横线与 9 条竖线作成的 90 个交叉点，见图 6.13。棋子下在交叉点上，问：马在中国象棋盘上有多少种不同的跳法？这里，从 A 点跳到 B 点与从 B 点跳到 A 点算是同一种跳法。

（2）要使马完成在中国象棋盘上每一种可能的跳动，并且都恰好一次，问：这是否可能？

习题 6.2　求证：在图 6.5 这样的"残棋盘"上，一只马不可能完成每一种可能的跳动，且都恰好一次。

习题 6.3　把例 6.6 的 16 条线段增加到 18 条线段，即在原图中区域 4 中间加一段线段，把下面的线段一分为二，从而区域 4 分为 4A 与 4B（其他的区域编号不变），见图 6.14。问：现在是否可能引一条折线，与每一线段都恰好相交一次？若不可能，说明理由；若可能，画出这条折线。

习题 6.4　图 6.15 的 3 个图中哪个可能一笔画？给出理由说明不可能或给出一个一笔画。

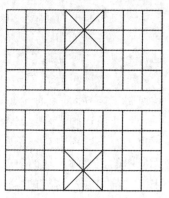

图 6.13　中国象棋盘

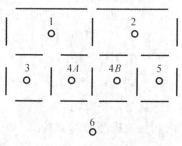

图 6.14　十八堵墙围成的区域

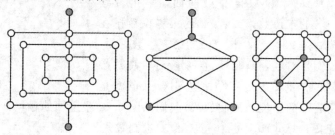

图 6.15　哪个图能一笔画？

多笔画——中国邮递员问题
——奇偶点图上作业法

以街道为边，交叉路口为顶点作出的街道图，除非没有"丁字路口"、"三岔路口"（3度顶点）或"死胡同"（1度顶点）之类的奇顶点，否则绝大多数不可能一笔画。我们现在可以证明多笔画定理了，它的证明方法在"中国邮递员问题"中仍然有用。

（1）多笔画

多笔画定理：任何一个有 $2k$ 个奇顶点，即 k 对奇顶点的连通图可以 k 笔画，并且至少要 k 笔画（$k \geqslant 1$）。这里 $k = 1$ 时，就是一笔画定理中从一个奇顶点画到另一个奇顶点的情况。

这是为什么呢？因为我们把这些奇顶点两两分组时，可分为 k 组，每一组人为地添加一条点不重路（一条边也是点不重路），连结一对奇顶点，即可"消灭"全部奇顶点。这样，一共添加 k 条点不重路，把原图变成一个无奇顶点的新图。这个新图是欧拉图（可一笔画且回到起点），它的任何一条欧拉回路应包含刚才人为添加的 k 条点不重路。把欧拉回路中这 k 条点不重路删掉，它就断开成为原图的 k 条边不重

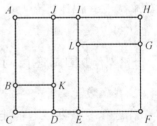

图 7.1　8个奇顶点的连通图

路。注意这 k 条删掉的点不重路彼此无公共顶点，因此这 k 条边不重路就是 k 笔画。见下面例7.1与例7.2。

例7.1　在图7.1中共有8个奇顶点，把它们分为四组：B 与 K，D 与 E，

L 与 G，J 与 I。添上四条边（圆弧形）后，就成了图 7.2（1），这是欧拉图。图 7.2（2）画出了它的一个一笔画。把其中人为添加的四条圆弧边 e_1，e_3，e_5，e_7（画成虚线弧）去掉，它断开后成为图 7.1 的四笔画：

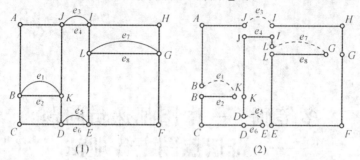

图 7.2　添上四条边后，成为欧拉图（1），及其中的一个一笔画（2）

BAJ；

$IHGFEL$（e_8）G；

LI（e_4）JKD；

E（e_6）DCB（e_2）K。

上面证明了有 $2k$ 个奇顶点的连通图可以 k 笔画。能不能用别的方法，少于 k 笔就把图的所有边都画完呢？答案是否定的。假如 $k-1$ 笔可以画完所有边，即在图中找到 $k-1$ 条边不重路或边不重回路，它们包含了图的所有边。如果真是这样，对每条边不重回路来说，它的每个顶点用掉了偶数条边。而对每条边不重路（不是回路）来说，只有出发点与终点用掉了奇数条边。就算这 $k-1$ 笔画全部不是回路，我们也会推断出原图最多只有 $k-1$ 对奇顶点的结论，这与已知条件矛盾。因此，有 k 对奇顶点的连通图不可能 $k-1$ 笔画完它的所有边，当然笔数再少更不可能了。

（2）中国邮递员问题

我国数学家管梅谷先生，在 1960 年首先提出了如下问题：“一个邮递员应该怎样选择一条路线，能走遍由他负责的所有街道，回到邮局，使走过的路程最短？”

这是炎黄子孙首先提出的问题，所以后来世界各国就把它称为“中国邮递员问题”（The Chinese Postman Problem）。类似的问题还有警察巡逻路线，扫雪车行车路线等等。这是一个十分实际、有用的问题。

我们把邮局、街道的交叉点作为顶点，邮递员所负责的每一条街道作为一条边，得到一个图 G。我们分三种情况分别讨论如何解决最短的邮递员路线问题。

情况一：图 G 没有奇顶点。按照一笔画定理，可以从邮局出发，一笔画完所有边，即走遍所有街道，且每条街道只经过一次，回到邮局。因此，这一笔画就是路程最短的邮递员路线。

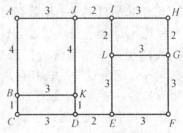

情况二（一般情况）：图 G 有 $2k$ 个奇顶点（$k \geq 2$）。例如像图 7.3 那样的街道图，如何来求它的"邮递员路线"呢？从下一节"奇偶点图上作业法"可以看到，邮局是哪个顶点无关紧要，不妨就设它在 A 点。各边上的数字是街道的长度，单位就算是百米吧。

图 7.3 一般的标明长度的街道图 G

"邮递员路线"就是要在图上找一条回路，它应满足两个要求：

① 从邮局出发，经过每条边至少一次，回到邮局。

② 这条回路的总长度最短。

从一笔画定理知道，这条回路不可能经过每条边都仅仅一次，有的边必须经过不止一次。这里不能像证明多笔画定理一样，在每对奇顶点之间人为地添加一条边来解决问题，因为邮递员不能从这些虚构的边上走过去。所以只能在原有的边上添加同样长度的边，称为重复边。也就是说，邮递员重复几次走过的街道，在图上应把这些街道画成几条边。

这种一般情况的"中国邮递员问题"的第一个解法，也正是由它的提出者管梅谷先生给出的，叫作"奇偶点图上作业法"。我们在下一节详细介绍。

情况三：图 G 只有一对奇顶点。这也可以用"奇偶点图上作业法"来解。但我们在第（4）节会介绍一种更简单的方法。

（3）奇偶点图上作业法

这种方法分两步进行。第一步，先找出一条满足要求 ① 的回路；第二步，把所得回路逐步修改，使得它的总长度最短，满足要求 ②。

例 7.2 求图 7.3 的最短邮递员路线

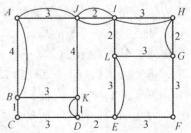

解：第一步：把图中的奇顶点（一定成对出现）两两分为一组。在每组的两个奇顶点之间找出一条点不重路。把这条路所经过的边添上重复边。这样可以"消灭"所有奇顶点。为说明算法，我们把图 7.3 的 8 个奇顶点按以下

图 7.4 添加重复边后，无奇顶点的图 G_1

方法分为四组：

D 与 K；E 与 L；J 与 G；I 与 B。

添加 DK 上重复边可消灭奇顶点 D 与 K；添加 EL 上重复边可消灭奇顶点 E 与 L；添加点不重路 GHIJ 上的三条重复边 GH、HI、IJ 可消灭奇顶点 G 与 J，而此时顶点 H 与 I 的度数都增加 2，H 仍为偶顶点，I 仍为奇顶点；添加第二条重复边 IJ，第一条重复边 JA、AB 可消灭奇顶点 I 与 B，而此时顶点 A 与 J 的度数都增加 2，都仍为偶数。这时得到无奇顶点的图 7.4（弧形边为重复边）——记为 G_1。它的任何一条从 A 到 A 的一笔画就是满足要求 ① 的回路，而且这些一笔画的总长度都一样。但它的总长度不见得是最短的。所以我们要有方法来判别是不是还满足要求 ②。若不是，要有一定的方法来改进，这正是第二步要做的工作。

第二步：反复作以下两件事。

(a) 先检查 G_1 中有没有这样的边，它上面所添的重复边数等于或超过 2。若有这样的边，则 G_1 的一笔画就不是路程最短的邮递员路线。因为我们可以同时去掉偶数条重复边，剩下一条或没有重复边。这样处理后所得的图 G_2 仍无奇顶点，这是因为同时去掉偶数条重复边，这些边的两端点的度数在 G_1 中是偶数，此时又同时减少偶数，所以仍是偶数。但 G_2 比 G_1 少了偶数条边，所以 G_2 的一笔画总长度当然比 G_1 要短。像图 7.4 中边 IJ 有两条重复边，应同时去掉，成为图 7.5（其中的虚线边在下面解释）。

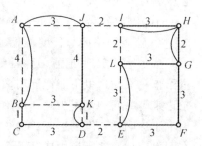

图 7.5　图 G_1 去偶数条重复边后成为图 G_2

(b) 检查原图 G 的每一个圈，若某个圈上重复边的长度总和超过无重复边的长度总和，那么图 G_2 的一笔画不符合要求 ②。因为把这个圈上的重复边全去掉，而在原来无重复边的地方添上重复边，这样得到的图 G_3 仍无奇顶点，并且它的一笔画的总长度又减小了。图 7.5 中虚线边构成原图（7.3）的一个圈。在此圈上，重复边 JA、AB、KD 和 EL 的长度总和为 $3+4+1+3＝11$，而此圈上无重复边的 IJ、BK、DE 和 LI 的长度总和为 $2+3+2+2＝9$。所以应把 JA、AB、KD 和 EL

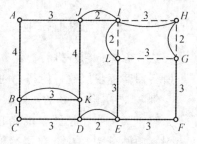

图 7.6　调整 G_2 中一个圈上的重复边后成为图 G_3

上的重复边去掉，而给 *IJ*、*BK*、*DE* 和 *LI* 添上重复边，成为图 7.6。

图 7.6 中已经没有（a）中所说的边，但仍有（b）中所说的圈。应该把图中虚线边组成的圈 *LGHIL* 的三条重复边去掉，而给 *LG* 添上重复边。此时就成了第一节的图 7.2（1）。它再也没有（a）所说的边，也没有（b）所说的圈。管梅谷先生证明了，这时得到的图，它的任何一条从邮局出发回到邮局的一笔画，就是路程最短的邮递员路线。图 7.2（1）的一个一笔画已在图 7.2（2）中画出，它就是符合要求 ① 和 ② 的邮递员路线。当然答案不止一个，但它们的总路程是相同的。

奇偶点图上作业法的第二步（b），在检查圈上的工作量相当大，图 7.3 有 22 个不同的圈——读者试着找找看。后来有更加有效的算法。但第一个提出问题，并解决问题的荣誉属于中国人。"中国——中国邮递员问题"，这标志华夏民族聪明才智的光荣一页已经永远载入图论史册。

（4）只有一对奇顶点的图的最短邮递员路线的解法

对于只有一对奇顶点的图，当然也可以用"奇偶点图上作业法"来解。但它有更简单的解法。

例 7.3 图 7.7（1），它只有两个奇顶点 *A* 与 *C*（原图没有那些虚线的弧形边）。求它的最短邮递员路线。

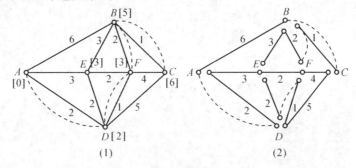

图 7.7 只有一对奇顶点的图的最短邮递员路线

解：图 7.7 的最短邮递员路线可以这样来求解：先用标号算法（图上只标最短里程数）求出奇顶点 *A* 到奇顶点 *C* 的最短路，然后把最短路所经过的边（图 7.7（1）中的虚线弧），作为重复边加到图上去，得到的新图无奇顶点。新图的任何一个一笔画（见图 7.7（2）），就是原图的最短邮递员路线，例如（*A* 为邮局，两顶点间标有弧线的走重复边）：

$$ABC \frown B \frown FBEADEF \frown DFCD \frown A$$

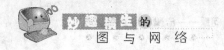

你可以检查一下，按照上述方法给图 7.7（1）添加重复边后，它既没有（a）这样的边，也没有（b）所说的圈。所以，图 7.7（2）中的任何一个一笔画就是一个解。

第 7 章习题

习题 7.1 （1）图 4.5 是几笔画？（2）图 5.1 是几笔画？并各画出一个答案。

习题 7.2 求出图 7.8 的最短邮递员路线。设初始添加的重复边为图上弧线所示。

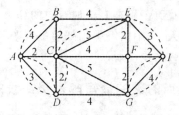

图 7.8 街道长度与初始重复边

习题 7.3 求出仅有一对奇顶点 A 与 I 的图 7.9 的最短邮递员路线。

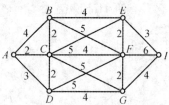

图 7.9 两个奇顶点的街道长度图

<<< 8

"碰壁回头"走迷宫——
高斯八后问题——先深搜索

(1) "碰壁回头"走迷宫

"迷宫"常用来形容还未洞悉的扑朔迷离的情况。意大利著名物理学家、天文学家伽利略 (Galileo Galilei) 说过："没有数学语言和数学符号的帮助,人们就不可能了解它(指现实世界)的片言只语,没有它们,人们就会在黑暗的迷宫中徒劳地徘徊。"所以数学是打开科学迷宫的一把钥匙。

那么,智力游戏中的迷宫该如何走呢?像图 1.3 这样的"电路迷宫"你可以在纸上不断地试验,但走圆明园的万花阵迷宫,没有一定方法,你试一次就会晕头转向。而数学同样也是打开这种迷宫的钥匙。经数学推导,走迷宫的方法可以简洁形象地归结为四个字"碰壁回头":从入口进去以后,贴着一侧墙前进,这时即使走过另一个入口,只要这个入口不在这一侧墙,那就不进去,而是沿着这侧墙继续前进。一直走到尽头,"碰壁"以后才回头,转到另一侧墙。只有当一个新的入口在所走的那一侧墙,才进这个入口……这样可以走到迷宫的中央或另一边出口处。

"不撞南墙不回头",本来是形容一个人冥顽不灵,不听别人忠告而胡干蛮干。但数学家却从"碰壁回头"走迷宫的方法中得到启迪,把这种策略变成电子计算机的一种算法,叫作"先深搜索法"。这种方法可以用来解决许多图论问题,尤其在人工智能上,经常用到它的基本思想。

（2） 先深搜索

我们先解释这里的搜索指的是什么，再解释什么叫先深搜索。网络时代，我们成天都会与"搜索"打交道。这里所说的搜索就是用计算机对各种可能的情况进行缜密周到、一点不漏的考察。当一个问题的各种情况作为一个图的顶点时，就化为对图的每个顶点的考察，这在图论中称为对顶点的"搜索"或"访问"。解决第四章的编码问题时，我们用到图 4.1 那样的二分树，实际上就是从二分树的树根到每一个树叶的搜索，从而找到每一个树叶的密码来解决无歧义的编码问题。

由"碰壁回头"策略导出的先深搜索（Depth－first search，缩写为 DFS）或深度优先搜索，它与先广搜索（Breadth－first search，广度优先搜索或宽度优先搜索）相对，是两种主要的搜索算法。用于树的"先深搜索法"的主要步骤为：先搜索树根，然后搜索它左边的儿子（考察这些顶点所代表的情况或信息，例图 4.1 中各顶点所表示的密码）。一般地，当一个顶点被搜索以后，下一步就搜索它的还未被搜索过的最左边的儿子，尽快地向纵深推进，直至搜索到树叶（没有儿子的顶点）——"碰壁"，然后就"回头"——返回到它的父亲，再从这个父亲的另一个未被搜索过的最左边的儿子继续搜索……

例 8.1 像图 8.1 那样的树，"先深搜索"的次序为 ① → ② → ⑤（返回 ②）→ ⑥（返回 ②，再返回 ①）→ ③ → ⑦ → ④ → ⑧ → ⑨ → ⑩。为说清楚如何用"先深搜索法"来解决问题，我们用著名数学家高斯提出的"八后问题"作为例子加以详细说明。

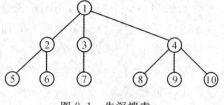

图 8.1　先深搜索

（2） 高斯八后问题

我们回忆一下，高斯八后问题是"现在有八个皇后，要放到 $8×8$ 的国际象棋的棋盘上，使得没有两个皇后位于同一行、同一列或同一对角线上。问：有几种放法？"起初研究这一问题时，困难很大。高斯认为有 76 个解。1854 年不同的作者在柏林的象棋杂志上，总共只发表 40 个解。实际上这个问题有 92 个解（见本节最后所附）。每个解写成 8 个数字的排列，排列中第几个数字表示第几行皇后所放的列数。

例 8.2 排列（72631485）表示，第一行皇后放在第 7 列，第二行皇后放在第 2 列，第三行皇后放在第 6 列，等等，见图 8.2 (1)。这样，一个排列可画出一个图解。有了一个图解后，按逆时针方向分别旋转 90°、180°、270° 以及把图解作主对角线（从左上角到右下角的对角线）的对称图，可以得到新的图解。

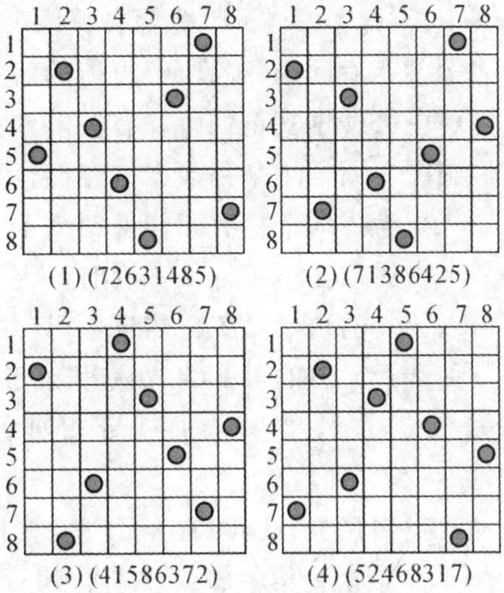

例 8.3 排列（72631485）即图 8.2 (1) 所示的图解，按逆时针方向分别旋转 90°、180°、270° 又可得出其他三个答案。图 8.2 (2) 与 (3) 分别是 (1) 旋转 90° 与 180° 得到的新答案。

把图 8.2 (1) 旋转 90° 也可以按下法从 (1) 的最后一列往前来生成 (2) 的排列：(1) 中皇后所放的格子的行数，就是 (2)

(1)(72631485) (2)(71386425)

(3)(41586372) (4)(52468317)

图 8.2 一个图解经旋转、主对角线对称后得到的其他图解

的排列中的列数。(1) 的第 8 列的皇后在第 7 行 → (2) 的排列的第一个数是 7，(1) 的第 7 列的皇后在第 1 行 → (2) 的排列的第二个数是 1，(1) 的第 6 列的皇后在第 3 行 → (2) 的排列的第三个数是 3……这样得到图 8.2 (2) 所代表的排列（71386425）。

把图 8.2 (1) 旋转 180° 也就是把图 8.2 (2) 再旋转 90° 得到，这样 (3) 的排列可以按上法从 (2) 得到。但也可以直接从 (1) 的排列（72631485）按照下述方法得到 (3) 的排列：先把 (1) 的排列的每个位置上的数 n 变为（$9-n$）。这样，（72631485）就变成（27368514）。然后，把它倒过来就成为 (3) 的排列（41586372）。注意这样用旋转的方法得到的图解可能有重复的。例如排列（35281746）的图解旋转 180°，按照上法，先变成（64718253），再倒过来还是（35281746）。

例 8.4 把图 8.2 (1) 所示的图解作主对角线（从左上角到右下角的对角线）的对称图，也可以得到新的图解。图 8.2 (4) 是 (1) 按照此法得到的新图解。也就是把图 8.2 (1) 中第几列皇后所放的行数作为新排列的第几个数，得到排列（52468317）。

(3) 先深搜索法求解"四后问题"

为简便说明问题，我们把"八后问题"的规模缩小为"四后问题"："在 4×4 的棋盘上，要放四个皇后，使得没有两个皇后位于同一行、同一列或同一对角

线上。"看看怎样用"先深搜索法"来求解。从下面对"四后问题"的分析可见，表示"八后问题"的所有可能的解的排列共有 8！＝40320 种。要从这么多的可能解中去搜索真正的解，有关的图在这里就画不下。当然，用计算机求解时，不用画图，而是用某种数据来存储这种图。

先考虑四个皇后"任何两个不能在同一行且不能在同一列"这个条件。当第一个皇后放在第一行某一列时，由于第二个皇后不能与它同列，所以只有 3 个列可以放。而再放第三行的皇后时，就只有 2 种可能放法。最后放下去的皇后只有一种选择。总的可能的放法相当于甲、乙、丙、丁四个人排成一列，有多少排法，或 1，2，3，4 这四个数在四个位置上有多少种排列。这共有 4×3×2×1＝4！＝24（种）。

我们用（ijkl）来表示这 24 种排列，i，j，k，l 依次为第一、二、三、四行皇后所在的列数，这四个数各不相同，各取 1，2，3，4 这四个数字中某一个。例如，i＝3，j＝1，k＝2，l＝4，即排列（3124）表示第一行皇后在第 3 列，第二行皇后在第 1 列，第三行皇后在第 2 列，第四行皇后在第 4 列这种放法。记号（31＊＊）则表示第一、二行皇后放在第 3、第 1 列，而第三、四行皇后还未放的状态（或情况）。这些状态的逻辑关系，可列成图 8.3 所示的一张表。

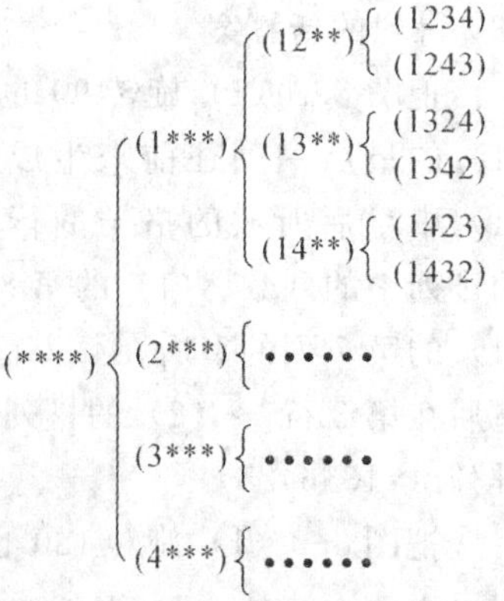

$$
(****) \begin{cases} (1***) \begin{cases} (12**) \begin{cases} (1234) \\ (1243) \end{cases} \\ (13**) \begin{cases} (1324) \\ (1342) \end{cases} \\ (14**) \begin{cases} (1423) \\ (1432) \end{cases} \end{cases} \\ (2***) \begin{cases} \cdots\cdots \end{cases} \\ (3***) \begin{cases} \cdots\cdots \end{cases} \\ (4***) \begin{cases} \cdots\cdots \end{cases} \end{cases}
$$

图 8.3 "四后问题"各种
可能状态的逻辑关系

现在我们把这个表转化为图。表中每一种状态作为一个顶点。这样可以作出一个树，称为状态树，见图 8.4。表中（12＊＊），（13＊＊），（14＊＊）是状态（1＊＊＊）的三个子状态，因为它们都是（1＊＊＊）以后在第二行再放下一个皇后所得到的状态。在图中，代表前三者的顶点是代表（1＊＊＊）的顶点的儿子。树中每个顶点所代表的状态，可由根（＊＊＊＊）到该顶点的点不重路所经过的各边数字排列得到。例如顶点 E 表示状态（13＊＊），顶点 T 表示状态（3142）（图 8.5 是它在棋盘上的四个皇后的位置）等等。

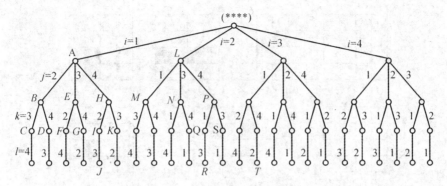

图 8.4　"四后问题"的状态树

有了状态树以后，剩下的问题就是对这 24 种在四个位置上都有具体数字的状态进行判别，也就是对树的 24 个树叶进行搜索，看哪一种状态还符合"任何两个皇后还不在同一条对角线上。"这就要用到"先深搜索法"，每搜索树的一个顶点，用上述条件进行一次判别。为加速搜索，我们还加入"剪枝"这一手段：当某个顶点被判定不符合条件时，它的子孙也不会符合条

图 8.5　顶点
（3142）

件，因此我们把该顶点以下的树枝全部"剪去"，即对它的子状态不必再考察。例如，顶点 B 为状态（12＊），它的第一、二行皇后已经在同一条对角线上，它的两个儿子 C（123＊）与 D（124＊），两个孙子（1234）与（1243）都不会符合"任何两个皇后不在同一条对角线上"这一条件。因此，顶点 B 以下的树枝可全部"剪去"。

例 8.5　写出图 8.4 中对顶点（1＊＊＊）与（2＊＊＊）的全部子孙进行搜索时的判断过程。

解： 判断过程显示于图 8.6 中。图中列出的字母对应于图 8.4 的顶点（状态），第几行表示图 8.4 中第几层顶点，或在家谱图中属于第几辈（不算根），即 i、j、k、l 中依次有几个值已定的顶点。例如，A（1＊＊＊）是第一辈，放在图 8.6（1）第一行第 1 列。B（12＊＊）与 E（13＊＊）都是 A 的儿子，属第二辈，分别放在图 8.6（2）第二行的第 2 列与第 3 列。被"剪去"的顶点（如 B）与不符合条件的树叶在图中用黑底白字表示。而符合条件的，如 E，用白底黑字表示。在接下来的判断图 8.6（3）中，保留 A 与 E，再作下一轮搜索。由于 E 的全部两个儿子 F 与 G 都不符合条件，应该剪去。以下要回到 E 的父亲 A，再搜索 A 的最后（右）一个儿子 H。此时 E 与 H 在同一行，E 也应该去掉（否则又要去搜索 H，陷入死循环）。

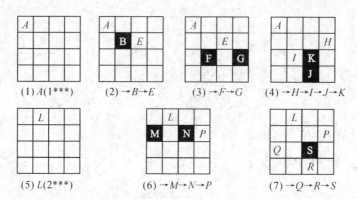

(1) $A(1***)$　(2) $\to B\to E$　(3) $\to F\to G$　(4) $\to H\to I\to J\to K$

(5) $L(2***)$　(6) $\to M\to N\to P$　(7) $\to Q\to R\to S$

图 8.6　对（1＊＊＊）与（2＊＊＊）的全部子孙的搜索过
程中的判断（包括剪枝）

例 8.6　画出图 8.4 中对顶点（1＊＊
＊）与（2＊＊＊）的全部子孙进行"先深
搜索"的行进路线。

解：图 8.7 显示了对这部分进行"先
深搜索"的行进路线。虚线（直线或弧线）
箭尾的顶点是被"剪枝"或是树叶的顶点，
搜索在这里返回到它的父亲，然后搜索它
的其他最左边的儿子，如果这父亲已没有
别的儿子，再返回到祖父……图 8.7 中，
顶点 B、F、M 与 N 均是返回到父亲，再

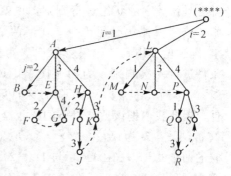

图 8.7　先深搜索路线

搜索其他儿子（分别为 E、G、N 与 P）。而顶点 G、J 与 R 则要返回到祖父，再
搜索其祖父的其他儿子（分别为 H、K 与 S）。顶点 K 要返回到根，再搜索"i
＝2"这一分支。

对状态树左边一半（"$i＝1$，2"）的搜索得到一个解为 R（2413），见图 8.6
（7）——这是搜索到树叶的判断图，且此树叶为解，这时候把图中各（白底黑
字）字母看作皇后，该图就是此树叶的图解。而对状态树的右边一半（"$i＝3$，
4"）的搜索，可得另一个解 T（3142），它的图解如图 8.5 所示。R 与 T 各自按
逆时针方向旋转 90°、180°、270°得到的仍是本身。

亲爱的读者，当你掌握了"先深搜索法"，自己会编制程序（并不复杂），在
电子计算机上算出"高斯八后问题"的全部 92 个解的时候，你一定会感到由衷
的高兴。

附：高斯八后问题的 92 个解：（前面提到过的那些解用黑体表示）

15863724	16837425	17468253	17582463	24683175	25713864	25741863
26174835	26831475	27368514	27581463	28613574	31758246	**35281746**
35286471	35714286	35841726	36258174	36271485	36275184	36418572
36428571	36814752	36815724	36824175	37285146	37286415	38471625
41582736	42586137	42736815	42736851	42751863	42857136	42861357
46152837	46827135	46831752	47185263	47382516	47526138	47531682

48136275　48157263　48531726　74258136　**41586372** [图 8.2（3）]

51468273	51842736	51863724	52473861	52617483	52814736	53168247
53172864	53847162	57138642	57142863	57248136	57263148	57263184

57413862　58413627　58417263　**52468317** [图 8.2（4）]

61528374	62713584	62714853	63175824	63184275	63185247	63571428
63581427	63724815	63728514	63741825	64158273	64285713	64713528
64718253	68241753	72418536	73168524	73825164	74286135	75316824

71386425 [图 8.2（2）]　　　72631485　[图 8.2（1）]

82417536　82531746　83162574　**84136275**　[图 1.4]

第 8 章习题

习题 8.1 画出排列（83162574）的图解，问：它是不是"高斯八后问题"的一个解？再画出按逆时针方向分别旋转 180°、270° 所得出的其他两个图解，并写出它们的排列。最后，画出排列（83162574）的图解作主对角线的对称图，并写出它的排列。

习题 8.2 写出图 8.4 中对顶点（3＊＊＊）与（4＊＊＊）的全部子孙（重画为图 8.8）进行搜索时的判断过程。并画出对它们进行"先深搜索"的行进路线。

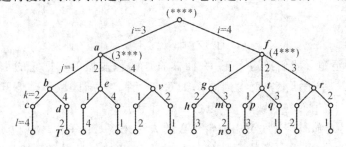

图 8.8 顶点（3＊＊＊）与（4＊＊＊）的两个分支

‹ ‹ ‹ *9*

哈密尔顿图——环球旅行和货郎担问题

(1) 环球旅行

例 9.1 我们回忆一下"环球旅行"这个数学游戏：要求沿图 9.1 (1)（或图 1.5）所示的正 12 面体的边（共 30 条）寻找一条线路，通过它的 20 个顶点（城市），作环球旅行，并且每个顶点（城市）只通过一次，最后回到原地。

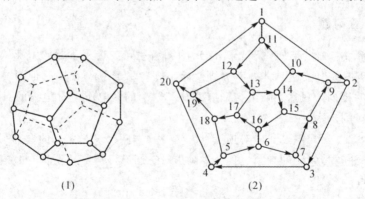

图 9.1　(1) 正 12 面体 (2) 一条环球旅行路线

为了看清楚，我们把这个正 12 面体看作是橡皮做的，把它的一个面剪开，再拉开铺在一个平面上，就得到图 9.1 (2)。图上外部区域正是剪开的那个面，所以它仍是 12 个面（区域），30 条边，20 个顶点。

解："环球旅行"问题可用逻辑代数的方法来解。图 9.1 (2) 上用数字与带箭头的粗线边标出了一条旅行路线：从城市 1 开始，经过城市 2，3，…，19，

20，最后回到城市 1（但有 10 条边没有经过）。

（2）哈密尔顿路与哈密尔顿圈

"环球旅行"游戏显然是图论中的一个问题，它是求经过图的每一个顶点，且每一个顶点恰好经过一次的回路。这样的回路称为**哈密尔顿圈**。

如果不要求回到出发点，即经过图的每一个顶点恰好一次的路，则称为**哈密尔顿路**。一个存在哈密尔顿圈的图称为**哈密尔顿图**，存在哈密尔顿路的图称为**半哈密尔顿图**。

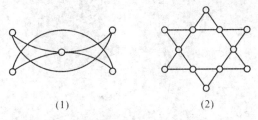

（1）　　　　　　　　　　（2）

图 9.2（1）穆罕默德镰刀 （2）大卫之星

注意，哈密尔顿问题与一笔画是不同的，第 6 章给出图 6.5 那张残棋盘，"马是否能完成每一种可能的跳动且都恰好一次"是图论中的一笔画问题，而"马是否能跳遍每个格子，且每格只跳过一次"则是哈密尔顿问题。

例 9.2　像图 9.2（1）的"穆罕默德镰刀"可以一笔画，因为它的五个顶点都是偶顶点，但它不存在哈密尔顿路；而图 9.1（2）那个铺平的 12 面体我们已经知道它是哈密尔顿图，但它不能一笔画，因为它的 20 个顶点，每个度数都是 3，全是奇顶点。而图 9.2（2）的"大卫之星"既是欧拉图（各顶点度数是 2 或 4），又是哈密尔顿图，沿着它外部边界行走，就是一个哈密尔顿圈。

例 9.3　正多面体（或柏拉图立体，Platonic Solid）作为图的话（即正多面体的顶点作为图的顶点，它的棱作为图的边）是哈密尔顿图。除了"环球旅行"这种正 12 面体外，还有图 9.3 所列的几种正多面体。

什么样的图可以一笔画的问题解决得非常彻底：凡是满足"奇顶点不超过 2 个"这个（充分）条件的图一定可以一笔画；反过来也对，即凡是能一笔画的图必定符合"奇顶点不超过 2 个"这个（必要）条件。这样的条件既充分又必要，在数学中称为充分必要条件。遗憾的是，自从"环球旅行"问题提出至今，数学家们经过近百年的努力，仍未找到哈密尔顿图或半哈密尔顿图的实质性的充分必要条件。我们这里加上"实质性"这一修饰词，是因为有如下的 Bondy Chvátal 定理（1972 年）："一个图当（充分条件）且仅当（必要条件）它的闭包

是哈密尔顿图时，它是哈密尔顿图。"这里我们不去详细解释"闭包"，它只是在原图上添加一些边。为什么不是实质性的充分必要条件呢？因为它没有给出它的闭包是哈密尔顿图的充分必要条件。有关的结论，要么只是充分条件，即符合条件的一定是（半）哈密尔顿图，但反过来未必正确；要么只是必要条件，即（半）哈密尔顿图一定具备这个条件，但反过来不一定成立。Bondy-Chvátal 定理实质上是下面两个充分条件的推广。

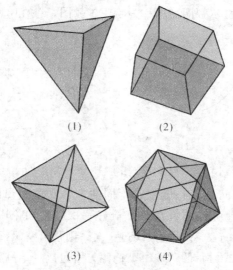

图 9.3　（1）正四面体（2）正六面体
（3）正八面体（4）正二十面体

奥勒与狄拉克充分条件：美国图论数学家奥勒（Ore）在 1960 年给出了这样的结论："对于顶点个数大于 2 的图，如果图中任意两顶点度数的和大于或等于顶点总数，那这个图一定是哈密尔顿图。"1952 年，狄拉克（Dirac）提出的充分条件是"一个顶点个数大于 2 的**简单图**，如果图中每个顶点的度数大于或等于顶点总数的一半，那这个图一定是哈密尔顿图。"这些充分条件都表明，一个图有足够的边数，就能保证图中存在哈密尔顿圈。

例 9.4　任何一个顶点大于 2 的完全图 K_n（$n>2$），一定存在哈密尔顿圈。这是因为它每个顶点的度数都是 $n-1$，符合上述两个条件的任何一个。实际上，我们只要给完全图的所有顶点任意排一个次序，由于完全图的任何两个顶点都有一条边，所以，从顶点 1 到顶点 2，3，4，…，n，最后回到顶点 1 的圈就是哈密尔顿圈。图 9.4 列出了几个完全图 K_n（$n=3$，4，7，8；K_5 见图 2.2，K_6 见图 3.8）。其中 K_7 的顶点按逆时针方向编了号。

但是，我们看到，像"环球旅行"、"大卫之星"这两个图，虽然存在哈密尔顿圈，却并不满足以上任何一个充分条件。所以，上述两个都只是充分条件，并不是必要条件。还有一种条件，它只是必要条件，并不是充分条件。这种条件的用处是作否定判断：凡是不符合这种必要条件的图可立即断定它没有哈密尔顿路或圈。

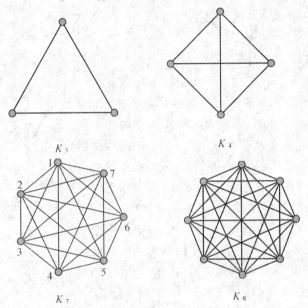

图 9.4　几个完全图

必要条件：若 G 是一个哈密尔顿图（或半哈密尔顿图），任取 G 的 k 个顶点，在 G 中删去这些顶点及与它们相连的所有边，则剩下的图的连通分支一定不超过 k（不超过 $k+1$）。

它有一个关于二部图的推论，见习题 9.2。

例 9.5　赫歇尔（Herschel）图是最小可能的多面体，它不存在哈密尔顿圈。图 9.5（1）是这个多面体，注意，它不是正多面体（它的面并不都是正方形）。图 9.5（2）是把它一个面剪开并铺到平面上所成的图。假如我们把 J，D，B，H 和 F 这 5 个顶点（$k=5$）及其所连的边删去，剩下 6（$>k$）个孤立的顶点 A，C，E，G，I，K。由于不符合上面的必要条件，所以它不存在哈密尔顿圈。但是它存在按照字母顺序排列的哈密尔顿路 $ABCDEFGHIJK$。

例 9.6　在 4×4 的棋盘上，从任一个方格出发，跳动一只马，使其跳过棋盘的每一格一次，而且仅仅一次，问：是否可能？

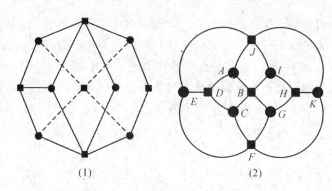

(1)　　　　　　　　(2)

图 9.5　赫歇尔（Herschel）图

解：作一个图，以棋盘的每个方格对应图的一个顶点。马若能从方格 A 跳到方格 B，则在相应的两个顶点之间连一条边，这样就得到图 9.6（1）。原问题也就化为此图是否存在哈密尔顿路的问题。我们把位于四个角上的度数是 2 的四个顶点记为 a，与 a 有边相连的中间四个顶点记为 b。删去这四个记为 b 的顶点（$k=4$）及与其相连的所有边，得到图 9.6（2）。如果我们把中间四个方格想象成"陷坑"，马不能往里跳，可以直接得到图 9.6（2）。该图有 4 个孤立点 a，两个回路分别连结 4 个 c 点与 4 个 d 点。所以它有 6 个连通分支。6 > $k+1=5$，所以图 9.6（1）不存在哈密尔顿路。也就是说，在在 4×4 的棋盘上跳动一只马，要跳过每个方格恰好一次是不可能的。回忆一下，4×4 的棋盘剪去一角即成图 6.5 那张残棋盘，此时马就能跳过残棋盘的每一格且仅仅一次。

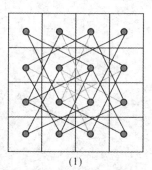

(1)

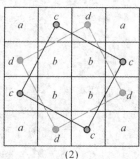

(2)

图 9.6　4×4 的棋盘上的马

例 9.7　正像我们预先声明的那样，上面这个必要条件即使满足，仍无法断定图中存在哈密尔顿圈（路）。图 9.7 所示的珀特森（Pertersen）图，它符合"去掉图中任意 k 个顶点及与其相连的所有边后，剩下的图的连通分支数 $\leqslant k$"，但它并不存在哈密尔顿圈（只存在哈密尔顿路，读者自己可以找一找）。

（3）货郎担问题

例 9.8　货郎担问题也叫旅行售货商或旅行推销员问

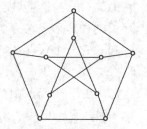

图 9.7　珀特森（Pertersen）图

题（Traveling Salesman Problem，缩写为 TSP）：一个货郎，要去 n 个村子卖货，假定任何两个村子间直接有路可通，怎样安排一条路线，使这个货郎从某村出发，各个村子恰好通过一次，回到出发点，并使走过的路程最短。

我们以顶点代表村子，两个村子间直接有路可通时，在对应的两顶点间连一条边，这里可以得到 n 个顶点的完全图 K_n。问题就化为在 K_n 中求一条边长之和最小的哈密尔顿圈。在例 9.4 中我们已经提到，给完全图的所有顶点（这里代表村子）任意排一个次序，依次走过这些村子时，就得到一个哈密尔顿圈。因此，每一个哈密尔顿圈相当于 n 个人的一种排队方法。这样的排队方法一共有

$$n! = n \times (n-1) \times \cdots \times 3 \times 2 \times 1$$

种之多。我们在七桥难题中已经看到，当 $n=20$ 时，这是一个大得可怕的天文数字。随着 n 的增加，$n!$（阶乘）增加速度惊人。所以根本不能采用把全部哈密尔顿圈列出来，然后一个个比较，从中得出路程最短的哈密尔顿圈的穷举法。

粗略地说，衡量一个计算机算法好坏的一个标准是它在最坏情况下的计算机运行时间的数量级，用大写字母 O 表示。穷举法在最坏情况下，计算机运行时间相当于顶点个数 n 的阶乘这样一个数量级，用 $O(n!)$ 表示。只有当这个"数量级"是自变量的一个多项式时，才是令人满意的算法。遗憾的是，对于货郎担问题，没有一个"多项式算法"。许多算法只能求出它的比较好的解，但无法保证可以求出最好的（即路程最短的）解。例如应用动态规划的技术，我们可以在 $O(n^2 2^n)$ 时间内解决 TSP，虽然比 $O(n!)$ 快得多，但仍然是指数级的。现在用来解 TSP 的常用算法有遗传算法，模拟退火法，局部搜索法与最邻近法。下面介绍最邻近法。

（4）最邻近法

例 9.9　图 9.8 是完全图 K_5，各边上的数字为该边长度，求一条货郎担路线。

解： 最邻近法的步骤是：任选一个顶点，比如说 A，然后在与 A 相连的边中选一条最短的边，本例为 AB 边。A 经此边到达另一个顶点 B。接着在与顶点 B 相连的、还未用过的边中选一条最短的边，本例为 BC 边。如此继续，只是以后每次所选的新边，除最后一次回到出发点外，不能与已经走过的顶点相连。这样可找到一条哈密尔顿圈，本例是

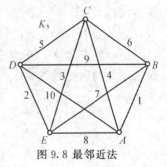

图 9.8　最邻近法

$$ABCEDA$$

它的边长总和为

$$1+6+3+2+10=22$$

但它并不是路程最短的。这是因为，虽然开始时是在某种意义上选了"最短的"边，但是越往后，选择余地越小。像本例最后一步只能从 D 到 A，别无选择，而边 DA 恰恰是图中最长的边。所以这种算法的好坏与第一个顶点选哪一个有关。有一种改进的方法，那就是多选几个顶点作为第一个顶点，用"最邻近法"各算一次再比较各次计算的结果，从中挑出最好的，但不见得是路程最短的哈密尔顿圈。本例除 A 之外，无论选哪一个顶点作为开始，得到的哈密尔顿圈的总路程都是 19。

实际上，最邻近法也是一种"贪心算法"，它"贪"的是与本顶点邻接的顶点中最近的顶点。贪心算法用在求解最小生成树时，可以得到最优解，但用在解货郎担问题时，它不能保证得到的是最优解。

第 9 章习题

习题 9.1　图 9.9 是完全图 K_6，各边上的数字为该边长度，用最邻近法，分别以 A 或 B 作为初始顶点，各求一条货郎担路线。哪条路线较好？

习题 9.2　若图 G 是一个二部图，X 的顶点个数 $k \neq Y$ 的顶点个数 s。求证：图 G 中不存在哈密尔顿圈。

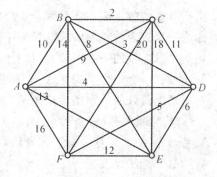

图 9.9　各边赋权的完全图 K_6

习题 9.3　一只老鼠吃 $3 \times 3 \times 3$ 立方体的乳酪，其方法是借助于打洞通过所有 27 个 $1 \times 1 \times 1$ 子立方体。如果它从一个角上开始，然后依次走向未吃的子立方体，问：它吃完时，能否恰在立方体的中心？（**提示**：作一个以每个 $1 \times 1 \times 1$ 子立方体为顶点，任何两个子立方体之间是否有公共面为二元关系的图。证明此图为二部图：顶点可以划分为两部分 X 与 Y，同属 X 或同属 Y 的任何两个顶点之间无边相连。再利用上题结论来反证：代表角上的顶点到代表中心的顶点之间不存在哈密尔顿路。）

<<< *10*

工作分派问题——匹配——婚姻定理

例 2.4 与第一章问题（6）都是工作分派问题。要注意的是，它与日常生活中的分配任务不尽相同。这里的工作分派，要求不同的工作必须由不同的人来干，不需要某人"勇挑重担"，一个人干几件工作；还要求不同的人干不同的工作，不需要几个人"精诚合作"，协同干一件工作。

（1） 匹配、最大匹配与完美匹配

例 2.4 的解已在图 2.4 中用四条粗线边画出。这四条边在一起称为 图 2.4 的一个匹配，其中的任何三条边、两条边、甚至一条边也叫一个匹配。为什么把一些边叫作"匹配"呢？因为这些边的作用是把图的一些顶点"配成对"。在工作分派问题上，就是让不同的人与不同的工作"配对"。

匹配的严格定义是：图中的一些边，若其中任何两条边都没有公共顶点，则称这些边为该图的一个**匹配**。图中的任何一条边，都是图的一个匹配。

在工作分派问题上，我们希望每个人都有一项不同的工作干，而且每一项工作都有不同的人干。这样一个完美的分派方案，在图论中称为完美匹配。一个匹配中所有边的顶点（相当于已经配好对的人与工作）称为"被这个匹配盖住了"（相当于工作"分派好了"）。所以，**完美匹配**就是把图的顶点全部盖住的匹配。图 2.4 的四条粗线边，就是一个完美匹配。

显然，不是每个图都有完美匹配。例如在图 2.4 中增加一门课，但不增加教师，那么无论甲、乙、丙、丁四位教师能否教这门新增加的课，这个图都不存在完美匹配。因为课程数超过了教师数，要使所有课程都有不同的教师来教是不可能的。同样，光增加教师而不增加课程，"僧多粥少"，也不存在完美匹配。

一个图不存在完美匹配时，我们可以退一步考虑这样的问题：怎样使尽可能多的人有（不同的）工作干，或尽可能多的工作有（不同的）人干？这在图论中叫作最大匹配问题。所谓**最大匹配**，就是图中边数最多的匹配。

最大匹配与完美匹配有密切联系。一个完美匹配一定是最大匹配。反之，虽然一个最大匹配未必一定是完美匹配，但一个图的最大匹配一经求出，只要看它是不是把图的所有顶点都盖住了，如果是，它就是一个完美匹配，如果不是，则可断言图中不存在完美匹配。

（2）最大匹配与完美匹配的例子

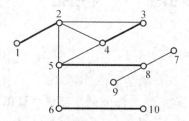

图 10.1　最大匹配

例 10.1　（驾驶员搭配问题：第一章问题（6））十名来自不同国家的飞行员，各会驾驶某种飞机，每架飞机要配备在语言与航行技能上能互相配合的两名驾驶员，怎样安排，才能使起飞的飞机最多？

解：作一个图，每个顶点对应一个驾驶员，两个驾驶员能在一起配合飞行的，则在对应的两顶点之间连一条边，见图 10.1。问题就化为求图中的最大匹配。图中的粗线边就是一个最大匹配，它没有盖住顶点 7 和 9，所以该图没有完美匹配。

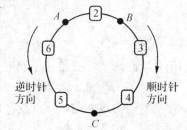

图 10.2　产生循环递减排列的圆圈

例 10.2　（循环赛日程安排问题）有 6 个选手（偶数个）参加循环赛，怎样安排比赛日程？

解：把 2、3、4、5、6 这五个（缺 1 号选手，总数比选手数少 1）数字按顺时针方向排成一个圆圈，见图 10.2。这圆圈从某处断开以后，按逆时针方向排列这五个数，例如：从 A 处断开得 65432，从 B 处断开得 26543，从 C 处断开得 43265。

这样得到的每一个数叫作这五个数的一个**循环递减排列**。

然后作一张 5×5 的表格，见图 10.3。表顶数字表示 2～6 号选手的号码，左侧写上比赛日期。表中的数字是这样填写的：① 每一行是 2，3，4，5，6 这五个数的一个循环递减排列。② 循环递减排列的第一个数是用如下方法确定的：先用行号乘以2，当结果不超过选手数，就等于这个结果。否则，用选手数去除，所得余数再加1。这里，选手数为6，前三行的行数乘以2得到2、4、6，没超过6，所以前三行的第一个数应该是2、4、6。而第4、5行的行号乘以2，得到8和10，超过6。而用6去除8和10，分别得到余数为2和4，再加1，结果是3和5，这就是第4、5行的第一个数。最后，把表中

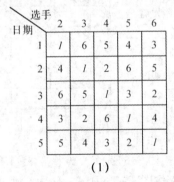

图 10.3　循环递减排列的填写

对角线上的斜体数字全部改为1，就得到比赛日程表，见图10.4（1）。表中某行的数字表示某天第几号选手与表顶对应的某号选手比赛。例如第二天比赛，对阵的选手为：4↔2；1↔3；2↔4（就是4↔2）；6↔5（或5↔6）。

　　读者可能要问，这与"匹配"有何关系？实际上，偶数个选手的比赛日程安排，就是求一个完全图（顶点数等于选手数）中彼此都不相交的全部完美匹配（两个完美匹配没有一条相同的边，称为"不相交"）。如本例，我们作完全图 K_6，每个顶点代表一个选手，同一天中三对选手之间画以同一形状的边，见图 10.4（2）。我们可以看到 K_6 的 15 条边（对应 15 场比赛）正好被分解为五个（对应比赛日期数）彼此不相交的完美匹配。

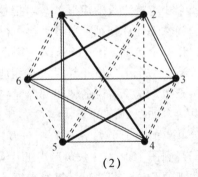

(1)　　　　　　　　　　　(2)

图 10.4　比赛日程表与完美匹配

　　例 10.3　当选手数为奇数时，怎么安排比赛日程呢？比如说 5 个选手。

　　解：这时增设一个虚构的 6 号选手，把选手数变为偶数 6，然后按 6 个选手作出日程安排。最后只要注意，谁与第 6 号选手比赛，实际上表示轮空。

　　这里虚设一个选手使选手数从奇数变为偶数，与在证明多笔画定理的时候，人为增添一些边，从而消灭奇顶点的作法有异曲同工之妙。它们都体现了数学中

利用某种变换把未知情况化为已知情况来解题的思想方法。

还有一些问题像循环赛日程安排问题一样，是先建立图的模型来求得解法，然后再用通常的语言来叙述。

（3）如何判别完美匹配的存在

任何一个图，只要有一条边，由于总边数有限，它必定存在最大匹配。但是它未必有完美匹配。如何来判别一个图有没有完美匹配呢？对于有些图，我们很容易断言它不存在完美匹配。

我们知道，完美匹配作为"匹配"来说，任何两条边的端点彼此不同，因此被盖住的顶点数是匹配边数的 2 倍，是个偶数。它同时还是"完美"的，即它盖住了图的全部顶点。因此，存在完美匹配的图，其顶点必然是偶数个。也就是说，当一个图的顶点数为奇数时，立刻可以断定它没有完美匹配。

一个顶点划分为 X 与 Y 的二部图，它的边必定一端在 X 而另一端在 Y。所以，其完美匹配又有它的特殊之处：只要 X 与 Y 的顶点个数不相等，那么立即可断言这个二部图不存在完美匹配。

例 10.4 （剪去角的残棋盘问题）把国际象棋盘剪去相对的两个角后剩下 62 个方格，见图 10.5。问：能不能用 31 张长等于 2 个小方格边长、宽等于 1 个小方格边长的矩形纸片，把这残棋盘全部盖住。当然不允许把纸片剪开后再去覆盖。

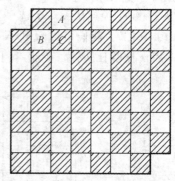

图 10.5　剪去两角的残棋盘

解：作一个有 62 个顶点的图，每个顶点对应一个小方格。两个小方格相邻时，在相应的两顶点之间连一条边。这里所说的"相邻"是指两个小方格有公共边，如图 10.5 中，A 与 C，B 与 C 相邻。但仅有公共点的两个小方格，如 A 与 B 不算相邻。这样我们得到图 10.6。一张矩形小纸片盖住 10.5 的两个小方格，相当于图 10.6 中一条边把两个顶点配成对。例如小纸片盖住图 10.5 中 A、C 两个小方格，相当于图 10.6 中 AC 边把顶点 A 与 C 配成对。因此原问题化为图 10.6 中有无完美匹配。

首先我们来说明图 10.6 是个二部图。我们把图放到平面直角坐标系上去，就可以把顶点分成两部分 X 与 Y：一个顶点的两个坐标的和等于奇数的，归入 X，而两个坐标的和等于偶数的，归入 Y。例如，顶点 A（2，7）与 B（1，6）归入 X，而顶点 C（2，6）归入 Y。这样分类后，可清楚地看到，分属 X 和 Y 的

顶点，无论上下左右都是间隔排列的，同属
X 或同属 Y 的任何两个顶点之间无边相连，
因此这是二部图。当你计算属于 X 和 Y 的顶
点各有多少时，你会发现，X 有 30 个顶点
（剪去的两个角尖的坐标分别为（0，7）与
（7，0），本应属于 X），Y 有 32 个顶点。所
以图 10.6 不存在完美匹配。也就是说，用
31 张小纸片盖住残棋盘是不可能的。

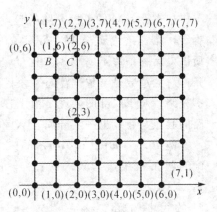

图 10.6 解残棋盘问题的图

你看，这个问题如果用试验的方法，是
无法说清楚的，但化为图论问题后，轻易就
解决了。当然，你也许在别的什么杂志上见
到过它的"另外"解法。那就是像图 10.5 那样，把残棋盘的小方格涂成黑白相
间的颜色。每张小纸片盖住的两个格子，一定是一黑一白。所以若可用 31 张小
纸片盖住整个残棋盘的 62 个小方格的话，那么这 62 个小方格一定是 31 个白的，
31 个黑的。但剪去的两个小方格都是白的，因此残棋盘只有 30 个白格子，而有
32 个黑格子，所以用 31 张小纸片把 62 个小方格都盖住是不可能的。"这里并没
有用什么图论知识呀！"你也许会这样想。但实际上，这种证明方法的本质与二
部图的证明方法是完全一样的。把小方格涂成黑白相间颜色，不就是把图的顶点
分成 X 与 Y 两部分吗？一张小纸片盖住一黑一白两个小方格不就是一条边把 X
中的一个顶点与 Y 中的一个顶点"配成对"吗？只不过你不自觉地使用了"匹
配"这个概念罢了。

这个例子能说明如何来判定一个图不存在完美匹配。那么如何来判定一个图
有完美匹配呢？方法是先求出最大匹配，然后根据它是否盖住了图的所有顶点来
判定。那怎么求最大匹配呢？对一般图来说，算法比较复杂。下面我们简单描述
一下求二部图的最大匹配的方法。

（4）求二部图的最大匹配的匈牙利算法

求二部图的最大匹配的方法叫"匈牙利算法"。它主要用到"可扩充路"的
概念。当已知图中一个匹配 M 的时候（例如任何一条边），关于 M 的一条**可扩
充路**是图中这样一条路：（可扩充路的概念对一般图都适用）

①它是一条点不重路；
②它的起点与终点都未被匹配 M 盖住；
③它的边交错地一条属于 M，一条不属于 M。

根据②，M 的可扩充路的起点未被 M 盖住，所以第一条边不属于 M。又根据③，第二条边属于 M，第三条边不属于 M……由于②，终点也未被 M 盖住，所以最后一条边不属于 M。这样，可扩充路上不属于 M 的边比属于 M 的边多一条，总的边数是奇数。注意，仅仅连结两个未被盖住的顶点的一条边也算一条可扩充路。对于二部图来说，由于任何一条边的两端分属 X 与 Y，所以，可扩充路的起点与终点也一定分属于 X 和 Y。

例 10.5 如图 10.7 所示的二部图，取一个匹配的两条粗线边：$M = \{x_2 y_2，x_3 y_3\}$，则 $p_1 = \{y_1 x_2 y_2 x_3 y_3 x_4\}$（图中虚线所示）就是一条关于 M 的可扩充路。$p_2 = \{x_1 y_3 x_3 y_2 x_2 y_1\}$，$p_3 = \{x_5 y_5\}$，$p_4 = \{x_1 y_2 x_2 y_4\}$ 也都是关于 M 的可扩充路。

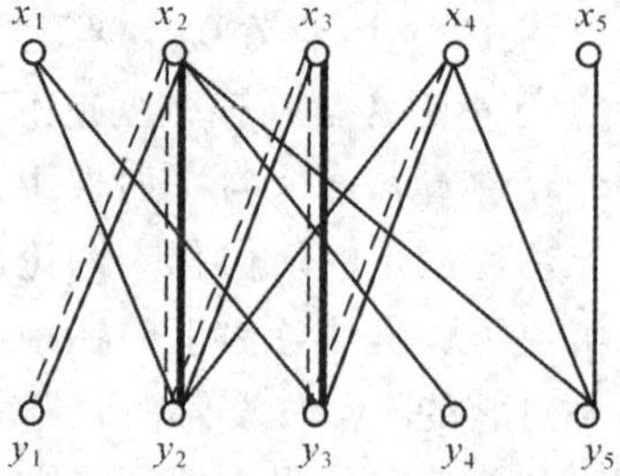

图 10.7　二部图的可扩充路

匈牙利算法求最大匹配的基本思想是"逐步调整"，这是电子计算机求解的一种基本方法。

先任取一个初始匹配 M_1，例如任取一条边，然后检查有无未被盖住的顶点及关于 M_1 的可扩充路。若有，就把 M_1 调整为另一个比它多一条边的匹配 M_2：删去可扩充路上原属于 M_1 的边，加入可扩充路上原不属于 M_1 的边，保留不在可扩充路上的边。这样调整以后得到的 M_2 之所以仍为匹配，是因为可扩充路的起点与终点为未盖住顶点，且它的边交错的属于 M_1 与不属于 M_1。而之所以多出一条边，是因为关于 M_1 的可扩充路，不属于 M_1 的边比属于 M_1 的边多一条。接着对新的匹配 M_2 检查有无未被盖住的顶点及关于 M_2 的可扩充路……如此继续，由于图的顶点与边数有限，进行到某一步以后，会出现以下情况之一：①所有顶点全被盖住；②虽然仍有顶点未被盖住，但已找不到可扩充路。

可以证明，无论哪种情况，得到的匹配已是图的最大匹配，情况①还是完美匹配。情况②可以确定原图不存在完美匹配。

图 10.8　第一次调整

例 10.6 求图 10.7 的最大匹配。

解： 取图 10.7 所示的初始匹配（粗线边）$M_1 = \{x_2 y_2，x_3 y_3\}$ 及关于它的可扩充路（虚线路）$p_1 = \{y_1 x_2 y_2 \ x_3 y_3 x_4\}$。

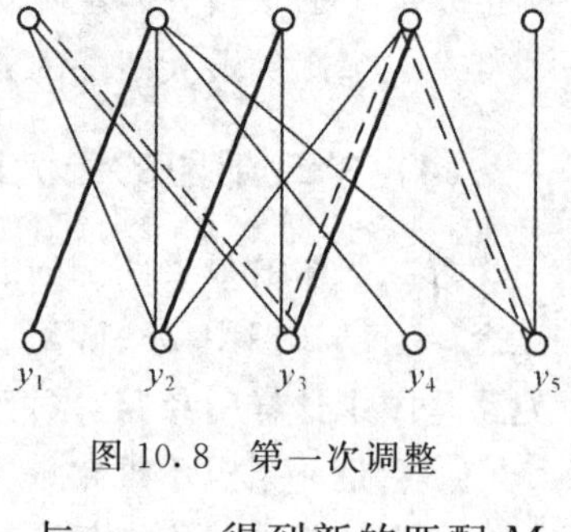

第一次调整： 把 p_1 中原属于 M_1 的边 $x_2 y_2$ 与 $x_3 y_3$ 删去，加入 p_1 中原不属于 M_1 的边 $x_2 y_1$、$x_3 y_2$ 与 $x_4 y_3$，得到新的匹配 $M_2 = \{x_2 y_1，x_3 y_2，x_4 y_3\}$，见图 10.8。此时未盖住的顶点有 x_1 与 x_5，关于 M_2 的

可扩充路有 $p_2 = \{x_1 y_3 x_4 y_5\}$（边 $x_5 y_5$ 也是可扩充路）。

第二次调整：把 p_2 中原属于 M_2 的边 $x_4 y_3$ 删去，加入 p_2 中原不属于 M_2 的边 $x_1 y_3$ 与 $x_4 y_5$，保留不在 p_2 上的边 $x_2 y_1$ 与 $x_3 y_2$，得到匹配 $M_3 = \{x_1 y_3, x_2 y_1, x_3 y_2, x_4 y_5\}$，见图 10.9。此时未盖住的顶点有 x_5 与 y_4，但已找不到以它们为起点或终点的可扩充路。所以 M_3 就是图 10.7 的一个最大匹配，并可判定图 10.7 不存在完美匹配。

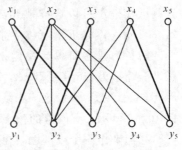

图 10.9　第二次调整

在匈牙利算法中，关键之处在于寻找可扩充路。我们在上面解题时，可扩充路实际上是"看出来"的，也就是"凑出来"的。究竟如何求可扩充路，有兴趣的读者，可参看管梅谷先生著的《有趣的图论》或有关的图论书。

（5）霍尔定理与婚姻定理

我们已经知道，任何一个图不一定存在完美匹配，但必存在最大匹配。对于二部图，还可以考虑这样的问题：能不能找到一个匹配，使得 X 的全部顶点都被它盖住。这叫作 **X 可以在 Y 上配对**。这个匹配一定是最大匹配，假如 Y 的顶点数等于 X 的顶点数，那么它又是完美匹配，因为此时 Y 的顶点也全都被盖住了。对于工作分派问题来说，X 可以在 Y 上配对也就是每个人（X 中的顶点）都有不同工作做。此时其中任何一部分人当然也分配到不同的工作做。由于某人已分派到的工作必定是他胜任的工作，因此 X 中任何一部分人能胜任的工作项数一定不少于这部分的人数（至少是等于）。换句话说，对 X 中任何一部分人来说，都不会出现"僧多粥少"的情况。用图论的术语来说就是：一个二部图，若 X 可以在 Y 上配对，那么 X 中任何一部分顶点的邻接点（都在 Y 中）个数一定不小于 X 中这部分顶点的个数。有趣的是，这个结论反过来也成立。这就是 1935 年霍尔（Hall）所发现并证明的结论。

霍尔定理：一个顶点分为 X 与 Y 的二部图，X 可以在 Y 上配对的充分必要条件是 X 中任何一部分顶点的邻接点个数不小于 X 中这部分顶点的个数。

注意，定理中"X 中任何一部分顶点"包括"X 的全部顶点"这一情况。所以，Y 的顶点个数一定不小于 X 的顶点个数。定理中的条件，有时叫作"多样性条件"。

例 10.7　（一道国外数学竞赛题）有 50 张纸，每张正反面各写上 1，2，3，…，50 中的一个数字。证明：如果全部写好以后，每个数字都恰好出现两次

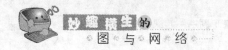
（同一个数字可以出现在同一张纸的正反面），那么这些纸片一定可以这样摊开，使得朝上的面中 1，2，3，…，50 这五十个数字都出现。

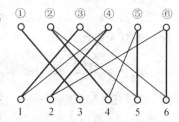

图 10.10　每个数字都恰好出现两次的纸片

解：为叙述简单，我们把问题的规模从"50 张纸"缩小为"6 张纸"，数字也改为 1，2，3，4，5，6 这六个数。假设这 6 张纸的正反面写的数字如图 10.10 所示，圆圈里的数字表示纸的编号，上排表示纸的正面。

我们来作一个二部图，每张纸用 X 的一个顶点表示，每个数字用 Y 的一个顶点表示。某张纸上写有某个数字（无论正反面），则在代表这张纸的顶点与代表这个数字的顶点之间连一条边。这样就得到图 10.11。

我们来证明 X 中任何一部分的 s 个顶点（纸片）中，至少要出现 s 个不同数字〔例如取①、②、⑤ 三张（$s=3$）纸片，其中出现的不同数字为 3、4、5，正好 3 个〕，假如出现的不同数字少于 s 个，而每个不同的数字最多出现 2 次，这 s 张纸片总共写有不超过 2$(s-1)$ 个数字，这与已知每张纸片写有 2 个（相同或不同）数字，总共写有 $2s$ 个数字矛

图 10.11　纸片与数字的二部图

盾。也就是说，这部分顶点的邻接点个数不少于 s 个，满足霍尔定理的多样性条件，从而 X 可以在 Y 上配对，也就是说每张纸片可以对应一个不同数字（因为匹配的各边的端点不同）。图 10.11 中以粗线边表示其中这样一个匹配。在此匹配中，某号纸片与某个数字配对，则把这张纸片的这个数字朝上摊开，就得到问题的一个答案。50 张纸片的问题也按霍尔定理证明。

上述数学竞赛题属于**相异代表系问题**，它的一般提法为："有 n 个人，每个人都可以参加 m 个学术团体中的某几个团体。现在要从这 n 个人中选出 m 个人作代表，每人代表一个不同的团体，问：是否可能？"这个问题的解法与上题类似。我们作一个二部图，X 有 m 个顶点，代表 m 个团体，Y 有 n 个顶点，代表 n 个人；某人属于某个团体，则在相应两顶点之间连一条边。这样，"相异代表系"问题就化为在这个二部图中，X 是否可以在 Y 上配对。根据霍尔定理，当且仅当这 m 个学术团体中任何一部分团体，它们所包含的人数不少于团体个数时，可以选出相异代表。

霍尔定理有一推论，用它可以立即断定一种特殊的二部图存在完美匹配，而不必用匈牙利算法进行计算后再判别了。它就是下面的婚姻定理。

婚姻定理：如果一个简单二部图的所有顶点的度数都一样是 k（$k>0$），那么

它一定有完美匹配。

证明：我们来证明 X 中任何有 s 个顶点的部分集 X_1，它们的邻接点（在 Y 中）的部分集 Y_1 至少有 s 个顶点。这是因为 X_1 的每个顶点度数为 k，所以 X_1 的 s 个顶点总共有 sk 条边与 Y_1 中的顶点相连。假如 Y_1 中的顶点个数少于 s，由于 Y_1 的每个顶点度数也为 k，总共只有少于 sk 条边与 X_1 中的顶点相连，与上矛盾。所以满足婚姻定理的简单二部图符合霍尔定理的多样性条件，因此 X 可以在 Y 上配对，而且 X 顶点个数 $\leqslant Y$ 顶点个数。同理可证 Y 可以在 X 上配对，而且 Y 顶点个数 $\leqslant X$ 顶点个数。这样，X 顶点个数 $= Y$ 顶点个数。因此使 X 在 Y 上配对的任何一个最大匹配就是一个完美匹配。

上述证明中，我们顺便证明了以下推论。

婚姻定理推论：满足婚姻定理的简单二部图，其 X 与 Y 两部分的顶点个数相等。

这个结论也可以用婚姻定理的条件直接证明：因为二部图的一条边一定是一端在 X，另一端在 Y，所以 X 中顶点的总度数 $=$ 总边数 $=Y$ 中顶点的总度数。

现在由于每个顶点的度数都是 k，所以有

$$k \times X \text{顶点个数} = k \times Y \text{顶点个数}$$

从而两部分顶点个数相等。

这个定理为什么叫作"婚姻定理"呢？那是因为它可以形象化地表述为："假如一个村子的每个小伙子都恰好认识 k 个姑娘，而每个姑娘也恰好认识 k 个小伙子，那么每个小伙子（姑娘）可以和他认识的姑娘（她认识的小伙子）结婚。"

作一个二部图，X 和 Y 分别代表男、女青年。一个男青年与某个女青年认识，则在他们的顶点间连一条边。可以得到一个各顶点度数均为 k 的简单二部图。由婚姻定理可知，其中存在完美匹配，也就是说每个小伙子均可与他相识的姑娘结婚。

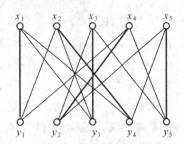

图 10.12   各顶点度数均为 3 的二部图

例 10.8   图 10.12 是各顶点均为 $k=3$ 的二部图。由婚姻定理，可断定它有完美匹配，图中粗线边就是一个完美匹配。读者可以用"匈牙利算法"求出它的一个最大匹配，此最大匹配必为完美匹配。当然，这样求出的未必是图 10.12 中给出的完美匹配。

另外，假如例 10.7 中每张纸的正反面写的两个数字都不同的时候，作出的二部图的各顶点度数都是 2，它就符合婚姻定理的条件，X 当然可以在 Y 上配

对。这是霍尔定理的一种特殊情况。这也说明婚姻定理是霍尔定理的一种特殊情况。

一个存在完美匹配的图，其中完美匹配不一定是唯一的。我们可以进一步在众多的完美匹配中寻找一个"最好的"。比如工作分派问题中，有许多种"完美"分派方案，这时我们可以考虑各人干各项工作的效率，以收益、成本或者完成工作所耗费的时间等等来衡量。从而求出总效率最大的完美匹配，例如收益最大的、成本最低的、所耗时间最短的分派方案等等。这称为最优分派问题。这相当于在图的每条边上赋以一个非负的（效率）权数。最优分派问题就是求权数和最大或最小的完美匹配。这样的匹配称为最优匹配。求最优匹配是一个有重大社会效益和经济效益的实际问题。限于篇幅，不能在此详细介绍了。不过，求一个图的最优匹配的算法，是把它化为求一系列的子图的最大匹配。而求最大匹配就要用到匈牙利算法。这些都可以在电子计算机上实现。

第 10 章习题

习题 10.1 用匈牙利算法，从图 10.13 中粗实线所示的初始匹配 $M_1 = \{x_1 y_1, x_2 y_2, x_5 y_6\}$ 开始，求此二部图的最大匹配。

习题 10.2 两人在图 G 上博弈，交替选择不同的顶点 $v_0, v_1, v_2, \cdots$，使得 $i > 0$ 时，v_i 要与 v_{i-1} 相邻（即两者有边相连）。直到不能选到顶点为止（可能还有顶点未被选，但不符合条件），最后选到顶点的人为赢。求证：先选之人有一个赢的策略的充分必要条件是 G 中不存在完美匹配。

（提示：证必要性用反证法；证充分性时，考虑 G 的最大匹配。）

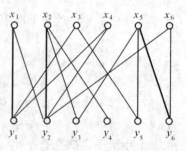

图 10.13　一个二部图及它的初始匹配

<< < *11*

平面图——三家三井问题，地图着色的四色猜想

我们已经知道，一个图可以有不同的画法，只要不改变两顶点间是否有边相连这一本质。我们当然希望把图画得清楚一点。

例 11.1　在图 11.1 中，三个图是一样（同构）的，但从左到右，一个比一个看起来要清楚。因为左边图有很多边交叉，中间图只有两条边交叉，而右边图的任何两条边，除了端点之外，没有其他的交点。

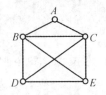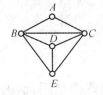

图 11.1　交叉点数目不同的同构图

(1) 平面图与三家三井问题

如果能把一个图 G 的所有顶点与边画在平面上，并且使得任何两条边除了端点之外，没有其他的交点，则称 G 是一个**平面图**。

注意，有的图乍看起来有几条边（除端点外）是相交的，但不能断定它不是平面图。像图 11.1 左边那个图就是一个例子，因为它可以画成右边的样子，所以它仍然是平面图。

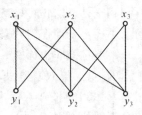

图 11.2　有很多交叉点的二部图

例 11.2　如图 11.2，它有更多的边交叉，但它仍然可以画在平面上，使它

的任何两条边只在端点处相交，见图 11.3。

但是有些图却不是平面图，也就是说，不管怎样画，都不可能把它的所有顶点与边画在平面上，使它的任何两条边仅在端点处相交。在非平面图中，有一个图与"三家三井"的问题有关。

例 11.3 （三家三井问题）在三户人家 x_1，x_2，x_3 的每户人家与三口井 y_1，y_2，y_3 的每口井之间都修一条路，问：有没有办法使得 9 条路互不相交？

解： 这问题就是图 11.4 是不是平面图的问题。

注意，它与图 11.2 相比，仅仅多了一条边 x_3y_1。图 11.3 已经画出了它的 8 条边，但第 9 条边 x_3y_1 加上去

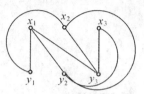

图 11.3 把图 11.2
画成平面图

之后，无论如何都要与别的边相交（画一条边时，不能从其他边的顶点穿过去）。读者自己可以试试，你试了各种画法以后会发现，无论哪 8 条边，都可以画到平面上，唯独差一条边画不上去。实际上，它是非平面图，而任去一边，即成为平面图。这个图记为 $K_{3.3}$。

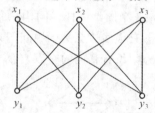

图 11.4 三家三井问题的图 $K_{3.3}$

（2）哪些图是平面图

一个图是不是平面图，在实际应用中是十分重要的。比如说，几个城市之间的公路网，应该尽可能设计成：任何两条公路，只在这几个城市处交界，而无其他相交处。这样可以减少交通事故。又比如，集成电路板的布线，最好能布在一个平面上，使任何两条导线只在焊接点交接。

典型的非平面图，除了上面那个 $K_{3.3}$ 以外，还有一个重要例子就是图 2.2 所示的 K_5。与 $K_{3.3}$ 类似，K_5 任去一边后，就是平面图。

1930 年波兰数学家库拉托夫斯基（Kuratowski）给出了判断一个图是否是平面图的法则。这一法则要用到"同胚"概念：

如果在一个图的某些边上插入一些新顶点（这些顶点就成为二度点），得到的新图称为与原图同胚（同一个模子里出来的）。

例 11.4 图 11.5（1）与 K_5 同胚，它是在 K_5 的 AC 边上插入两个点 u 与 x，在 AE 边上插入点 v 而成的。而图 11.5（2）与 $K_{3,3}$ 同胚。一个图与它本身也看作同胚。

库拉托夫斯基指出：假如一个图不包含与 $K_{3,3}$ 或 K_5 同胚的子图，则它是一个平面图，否则就是非平面图。

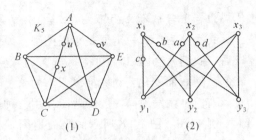

图 11.5（1）与 K_5 同胚
（2）与 $K_{3,3}$ 同胚

例 11.5 图 11.6 的两个图都是非平面图。因为图 11.6（1）去掉虚线边后的子图，可以画成图 11.5（1），而另一个去掉虚线边后的子图，可以画成图 11.5（2）。

例 11.6 顶点个数 $n \geq 5$ 的完全图 K_n 都是非平面图。因为删去它任何（$n-5$）个顶点及与它们相连的所有边后，就成为 K_5，或者说 K_n 在 $n \geq 5$ 时包含 K_5 作为子图，从而是一个非平面图。不过你从判别图 11.6 是非平面图的例子中可以体会到，要判断一个图是否含有与 K_5 或 $K_{3,3}$ 同胚的子图，并非易事。但现在可以用电子计算机根据一种"平面性算法"来进行判断了。

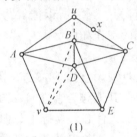 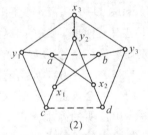

图 11.6 包含与 K_5 或 $K_{3,3}$ 同胚子图的两个非平面图

（3）平面地图着色与四色猜想

现在我们来详细讨论地图着色问题：任何一张平面地图要使相邻国家或地区所着的颜色不同，至少要用几种颜色呢？

注意，两个国家或地区相邻，是指它们有公共的一段边界，在地图上即为两个区域有公共边。而仅有公共顶点的不算相邻。

例 11.7 在图 11.7 中，A 与 B、A 与 D、B 与 C、C 与 D 是"相邻的"，而

图 11.7 相邻与不相邻的区域

B 与 D、A 与 C 不算相邻。

其次，为什么一定要是平面图呢？原因暂且按下不表，等讲了"五色定理"以后，我们就会明白，像 $K_n(n \geqslant 5)$ 这些非平面图，至少要 n 种不同的颜色来着色，随 n 而变化，讨论它就没有意义。

人们早就发现，一般的地图只用三种颜色肯定不够。

例 11.8 图 11.8 所示的平面地图，A、B、C、D 四个地区中，每个地区都与其他三个地区相邻，所以必须用四种颜色来着色。为什么我们要加上"一般的地图"这样的限制呢？因为在第（6）节我们会看到有一类特殊的平面图只要三种颜色就够了。

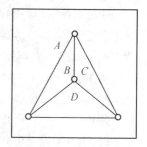

图 11.8 必须用四种颜色来着色的平面图

"只需要四种颜色就可为任何平面地图着色"最初是由英国制图员法兰西斯·古思里（Francis Guthrie）在 1852 年绘制英格兰分郡地图时发现的。他将这个发现告诉了他当时正在伦敦大学学院（University College London）读数学的弟弟弗雷德里克·古思里（Frederick Guthrie）。10 月 23 日，弗雷德里克将他哥哥的发现作为一个猜想向老师奥古斯塔斯·德摩根（Augustus De Morgan）提出。四色问题之所以能够得到数学界的关注，德摩根功不可没。他推动四色问题研究的工作如此尽力，以至于许多人认为德摩根才是首先提出这个猜想的人。

但这个问题当初并未在数学界引起多大重视，直到 1878 年 6 月 13 日，在伦敦皇家数学学会的一次会议上，数学家凯莱向其他与会者询问，四色猜想是否已经被证明了，并指出证明的困难所在，这才引人注目。实际上，四色猜想的难度与知名度都不比数论中的哥德巴赫猜想来得小（哥德巴赫猜想是"任一大于 2 的偶数，都可表示成两个质数之和，或 1 个质数＋1 个质数"，简称"1＋1"。例如，$6＝3＋3$，$8＝3＋5$，$100＝3＋97$ 等等）。当代图论学家哈拉里曾经说过："在图论中，也许全部数学中，最出名的没有解决的问题是著名的四色猜想。任何一个数学家可以在五分钟内将这个非凡的问题向马路上一个普通人讲清楚。在讲清楚之后，虽然两个人都懂得了这个问题，但要解决它，谁也无能为力。"

（4）证明四色猜想的早期努力

四色猜想提出后，很多人试图证明它的正确性，或举出反例来推翻它。就像平面几何中"证明"平行线公理一样，在历史上四色猜想有很多貌似正确的错误证明。1879 年，曾是凯莱在剑桥大学的学生，伦敦律师兼数学家阿尔弗雷德·

肯普（Alfred Kempe）给出了第一个这样的证明，而且《自然》杂志首先确认了他的证明，于 1879 年 7 月 17 日登载了"四色猜想得到证明"的消息。

11 年以后，即 1890 年，希伍德（Percy Heawood）指出肯普的证明中包含了一个错误。希伍德在文章中遗憾地指出，他无法修正这个错误，得到一个四色问题的正确证明，因此他的文章更多是摧毁而非建设。希伍德虽然没有证明四色猜想，但他指出：如果把"四"换为"五"，就可以证明它的正确性。他的结果被称为"五色定理"。希伍德在证明时，首先把平面图的区域着色问题化为平面图的顶点着色问题。方法就是把一个平面图变为它的对偶图，见图 11.9。回忆一下，我们在解例 6.6 那道智力竞赛题时，也这样做过（见图 6.6）。由对偶图的作法，即可看出，一个平面图的对偶图仍然是平面图，而且对偶图的对偶图就是原图。并且，对偶图的一个顶点正好代表了原图的一个区域。而原图的两个区域相邻（有公共边），对应到对偶图上，正是相应的两个顶点相邻（有边相连）。因此，"四色猜想"与"五色定理"也可叙述为"任何一个平面图，都可以用四（五）种颜色来给它的顶点着色，使任何两个相邻的顶点所着的颜色不同。"

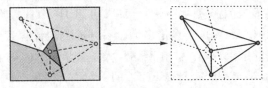

图1.9　平面图的区域着色对应于对偶图的顶点着色

为何一定要是"平面图"呢？因为像 K_6 这样的非平面图，由于六个顶点彼此都相邻，所以至少要用 6 种颜色。同理，n 个顶点的完全图 K_n，至少要用 n 种颜色给它的顶点着色，才能使任何相邻的顶点着不同的颜色。

四色猜想提出一百多年来，一个数学家的努力失败了，另一个数学家仍不甘心，继续探索。有的是父子两代人都致力于它的研究。因此哈拉里曾经戏谑道："四色猜想，真可以改名叫'四色病'了。因为它真像传染病一样……而且还没有发明一种预防针可以对付这种病。它会反复发作，虽然没有致死的记录，但已经知道它会使人痛苦非凡。这种病至少已经被观察到从父亲转移到了儿子，所以它也许会遗传的。"

直到 1969 年，奥尔（Ore）和斯坦普尔（Stemple）发表文章，对少于 40 个区域的所有地图证明了四色猜想。由此可见，若有否定四色猜想的反例存在，那反例中的区域数也一定很大。

当然，四色猜想本身究竟是否正确并无多大实际意义，多用一种颜色也算不了什么"浪费"。但四色猜想是催化剂，就像哥德巴赫猜想推动了数论的发展一

样，它推动了图论及有关数学分支的发展。

（5）计算机证明

四色问题研究的下一个突破是由哥廷根大学出身的德国数学家亨利·希尔（Heinrich Heesch）带来的。他在 1948 年提出了解决四色问题的关键——"不可避免集的存在性"，又在 1969 年提出了"放电法"（discharging method），为寻找"不可避免集"给出了系统的方法。但人工寻找"不可避免集"过于缓慢，数学家开始考虑使用当时新出现的计算机作为辅助，以提高效率。希尔这两个重大贡献牵涉到许多较深的概念，超出这本小册子的范围，所以不再赘述。

在数次访美时，希尔开始与沃夫冈·哈肯（Wolfgang Haken）合作。哈肯在 1948 年曾经旁听过希尔提出"不可避免集"的课程，之后对四色问题产生了持续的兴趣。两人通过信件交流作出了很多进展，为最终解决四色问题铺平了道路。1971 年，阿佩尔（Kenneth Appel）也开始在哈肯的介绍下研究四色问题。他俩在约翰·科赫（John A. Koch）的帮助下编制的程序经过电子计算机 1200 小时的运算，证明了四色猜想的正确性。1976 年 6 月 22 日，哈肯和阿佩尔首次在美国数学协会（M. A. A.）于多伦多大学召开的美国数学学会（A. M. S.）夏季会议公布了他们的结果。不久，伊利诺伊大学数学系的邮戳上加上了"四种颜色就够了"（FOUR COLORS SUFFICE）的一句话，以庆祝四色猜想得到解决。9 月，美国数学学会的公告专栏上刊登了两人证明四色定理的消息。1977 年，哈肯和阿佩尔将结果写成名为《任何平面地图都能用四种颜色染色》（Every planar map is four colorable）的论文，分成上下两部分，发表在《伊利诺伊数学杂志》（*Illinois Journal of Mathematics*）上。

针对证明过程冗长、难以理解的问题，哈肯等人也着手对证明进行改进。由于前车之鉴，数学家们对证明进行了详细审视，发现了大量缺漏和错误。幸好，这些缺陷和错误都是能够修正的。不过，修正的工作也持续了若干年，才最终完成。1986 年，哈肯和阿佩尔应《数学情报》杂志的邀请写了一篇短文，用清晰易懂的语言总结了他们的证明工作。1989 年，最终的定稿以单行本的形式出版，超过 400 页。

但是即便在数学界中，争议依然存在。有的数学家认为证明是杰出的进展，尤其是用计算机证明数学问题，这在数学史上是破天荒的大事。他们认为，计算机辅助证明数学定理不过是对人的能力进行延伸的结果，因为电子计算机不过是依照人的逻辑来进行每一步的操作，实际上只是将人能够完成的工作用更短的时间来完成。但是也有数学家认为依赖计算机给出的证明很难令人满意。因为计算机辅助下的证明无法由人力进行核查审阅，无法重复计算机的所有运算步骤；而且，计算机辅助的证明无法形成逻辑上正则化的表述，因为其中的机器部分依赖于现实经验的反馈，无法转换为抽象的逻辑过程。有人无可奈何地说："如果四色问题有一个不依赖计算机的证明，我会更加开心，但我也愿意接受阿佩尔和哈肯的证明——谁叫我们别无选择呢？"尽管绝大多数数学家对四色定理的证明已经不再有疑问，但某些数学家对经由电脑辅助的证明方式仍旧不够满意，希望能找到一个完全"人工"的证明。正如汤米·R. 延森和比雅尼·托夫特在《图染色问题》一书中问的："是否存在四色定理的一个简短证明……使得一个合格的数学家能在（比如说）两个星期里验证其正确性呢？"

（6）一类只要 3 种颜色着色的平面图

像下面例子中的一类特殊的平面图只要 3 种颜色就够了。

例 11.9 把 n 边多边形 P 连同将它分为 $n-2$ 个三角形的 $n-3$ 条两两不相交的对角线（作为边）看作一个图（见例 3.5 与图 3.4）。证明只要 3 种颜色就可以将这个图的顶点着色，使任何两个相邻的顶点着以不同的颜色。从而它的对偶图（也是平面图）的区域可以用 3 种颜色着色，使任何两个相邻的区域着以不同的颜色。

证明： 我们对顶点的个数 n 用归纳法。n 最小是 3，此时 P 是个三角形，显然 3 种颜色已够。假设对 $n-1$ 个顶点的多边形 P，结论已经成立，当 P 为 n 个顶点的多边形时，例 3.5 已经证明，这种图至少有一个顶点 v 的度数为 2。删去顶点 v 及其所连两条边，剩下的图仍然是用对角线把内部划分成三角形的 $n-1$ 个顶点的多边形，按归纳假设，它可以用 3 种颜色着色。再把顶点 v 放回去，因为它只与两条边相连，这两条边的另一端点，由那个 $n-1$ 个顶点的多边形的一条边相连，所以着上不同的两种颜色，总可以用第三种颜色来染 v，从而得到原图的一种染色法。

图 3.4 中用实心、虚线空心与实线空心表示三种不同着色的顶点。

以上结论可以用来解下面的智力测验题。

例 11.10 设一个展览大厅的平面图是一个 n 边多边形 P，需要安装若干摄像机来监控。设每个摄像机（在图上看作一个点）可以监控它的略小于 $180°$ 的距离足够远的扇形范围，问：要安装几个摄像机，足以对任何 n 都能监控整个展览大厅？

解： 因为三角形的任一内角小于 $180°$，所以把一个摄像机安装在一个三角形的任何一个顶点，按照所给条件，它能监控整个三角形的范围。从上例已经知道，把 n 边多边形 P 连同将它分为 $n-2$ 个三角形的 $n-3$ 条两两不相交的对角线（作为边）看作一个图，只要 3 种颜色就可以将这个图的顶点着色，使任何两个相邻的顶点着以不同的颜色。我们来证明，用得最少的那种颜色（设为红色）所染的顶点数 $\leqslant[n/3]$。这里 $[x]$ 表示不超过 x 的最大整数。例如 $n=3$，4，5 时 $[n/3]=1$。或者，$n=3k$，$3k+1$，$3k+2$（k 为整数）时，$[n/3]=k$。我们用反证法，假如红色所染的顶点数 $>[n/3]=k$，因为顶点数是个整数，所以这类顶点数 $\geqslant k+1$，则三种颜色所染的顶点总数 $\geqslant 3(k+1)=3k+3>n$，与已知矛盾。所以，在每个三角形的染红色的顶点处安装一个摄像机，总共不超过 $[n/3]$ 个摄像机，足以对任何 n 都能监控整个展览大厅。

（7）印刷电路板的分层问题

本章最后，我们介绍图的顶点着色问题（不限于平面图的顶点着色）的一个重要应用。

例 11.11 为了设计印刷电路板，我们先把电路图画成一个图 G，例如像图 11.10 那样。其中共有 12 条边，以圆圈里的数字表示，它们对应导线。顶点对应接点，无导线连结的两接点之间可能要装配元件。由于同一层印刷电路板上的导线不允许在接点以外相交，在不改变接点位置，且各导线均要成直线的情况下（即不改变图 G 所画的状态），所设计的印刷电路板最少需要几层？

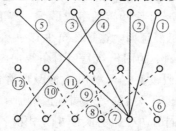

图 11.10　印刷电路板

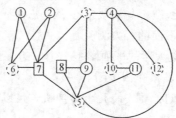

图 11.11　解分层问题的新图

解：我们作一个新图，它的顶点对应图 11.10 的边，仍以数字表示，但写在实线或虚线的圆圈中，或写在方框中（为何如此，后面解释）。当图 11.10 中两条线在顶点之外相交时，新图中对应的两顶点之间有一边相连。这样就得到图 11.11。现在来看，图 11.11 的顶点最少要用几种颜色着色，才能使任何相邻的两个顶点着不同颜色？由于图中存在三角形（顶点 1，6，7，或 2，6，7，或 5，8，9），所以起码要三种颜色。实际上，三种颜色已够。写在实线或虚线圆圈里的数字所表示的顶点分别着两种不同颜色，而写在方框里的数字所表示的顶点着第三种颜色。接着，把图 11.11 的顶点着色变为图 11.10 的边着色。图 11.11 中顶点着什么颜色，则图 11.10 中对应的边就着什么颜色。这时你可看到，在图 11.10 中着同样颜色的边，彼此都不相交，这是因为图 11.11 中那些同色的顶点彼此不相邻。这样，根据图 11.10 设计的印刷电路板最少应分为三层，同色的边在同一层，如图 11.12 所示。

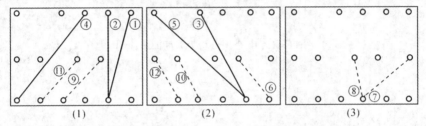

图 11.12　按图 11.10 设计的印刷电路板最少应分为三层

刚才我们为什么要在"不改变接点位置，且各导线均要成直线"的情况下讨论分层问题呢？这是因为不加限制的话，把图画成不同样子，得到的分层数可能不同。

例 11.12　不改变图 11.2（比 $K_{3,3}$ 少一条边的那个图）所画的状态，用上面的解法，应该分成两层：边 $x_1 y_2$，$x_1 y_3$，$x_2 y_3$ 在同一层；边 $x_2 y_1$，$x_2 y_2$，$x_3 y_2$ 在同一层；边 $x_1 y_1$ 与 $x_3 y_3$ 无论在哪一层均可。

例 11.13　如果允许改变接点位置，则图 11.2 可以画为图 11.13，这里的导线仍为直线，但只要单层印刷板。如果不改变接点位置，但允许导线为弧线，那也只要单层印刷板，因为我们已经知道，图 11.2 可以画成同构的图 11.3。

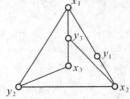

图 11.13　图 11.2 改变接点位置后的新图

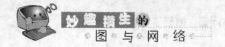

第 11 章习题

习题 11.1 求证：完全图 K_5 去掉任何一边后的图是平面图。（画出即可）

习题 11.2 画出与图 11.14 同构的，而且均为直线边的平面图。

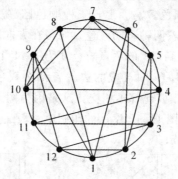

图 11.14 12 个顶点均为 5 度的平面图

《《《 *12*

图论研究等待你一展聪明才智

管中窥豹，可见一斑，从我们已展示的一些概貌中，你已看到使用直观的和符合美学外形的数学模型——图，为求解包含二元关系的系统提供了一个强有力的科学工具。多少智力游戏与数学竞赛的图论解法充满了奇情妙趣，那些把数学冠以"枯燥乏味"前缀的看法该是多么的偏颇与无知。而且，你也看到那些机智巧妙的图论算法是如何服务于严肃的科学目的，怎样用来确定"时间最省"的旅行路线，"费用最少"的筑路方案，"旅程最短"的邮递员或推销员路线，等等。

图论是数学这门充满审美情趣的艺术中的奇葩。它作为组合数学的一个新分支，自 1736 年问世以后，虽然一度停滞不前，但自 20 世纪中期以来，获得了飞速的发展与日臻广泛的应用。

图论方法不仅在自然科学各领域中独领风骚，而且在社会科学中崭露头角。1936 年，心理学家莱温（K. Lewin）写过一本拓扑心理学原理的书，莱温把一个人的"生活空间"用一张平面图来表示，其中各个区域代表一个人的各种活动，比如他的工作环境、家庭与嗜好等等。美国"集体活动研究中心"的心理学家提出了另一种心理学的图论解释，其中用顶点表示人，而边表示人与人之间的关系，包括爱、恨、交往和支配等等。图论方法从此进入心理学领域。

应用图与网络（各边赋以一个数值的特定的图）的方法研究复杂的经济系统也有很大的潜力。有的经济学家用电路网络模拟商品流通，从而使税率涨落、供求关系、商品流通的动态特性等等可以在模拟图上研究。许多经济问题可以看作网络流加以探讨。

理论物理学也不止一次应用了图论。乌伦伯克（Uhlenbeck）在统计力学的研究中，用顶点表示分子，两个点的邻接表示存在某种物理形式的最邻近的相互

作用。著名美籍华裔物理学家、诺贝尔奖获得者李政道、杨振宁在 1959 年发表了《应用图论研究量子统计力学》的论文。

在研究模式识别方面，应用图论方法来判定数字化图像的最佳灰度；借助关系树作有效的波形分析；用树构造指纹模式，研究自动识别。图论方法在电路网络的分析与综合、印刷电路与集成电路的布线与测试的研究中，发挥了卓有成效的作用。图论也为如何模拟生物系统，研究其规律提供了有效的分析方法。

图论在计算机科学、通信网络、运输网络、线性规划以及运筹学的应用更为引人注目。图论是计算机科学的重要数学工具，计算机系统可用有向图来模拟。涉及通信网络的主要问题是系统的可靠性与连通性，这些都离不开图论的理论与方法。而运输网络则要用图论的方法来求解最短路径、最小费用、最大流与最优定址。图论在运筹学中的应用非常之多。尤其是在巨大而复杂的项目中的计划安排。1958 年美国海军部门为加速"北极星"导弹的研制工作，他们使用网络分析法，对各项任务进行科学的评估与审查，统筹规划、合理布局，保证计划顺利实施。他们使用的方法称为"规划审核技术"（Program Evalution and Review Technique，简称为 PERT），这在"统筹法"中是一项成效卓著的方法。

我国各高等院校的应用数学、计算机科学、管理科学、自动控制、无线电技术、（军事）运筹等专业在 20 世纪 80 年代都相继开设有关图论与网络的课程，招收图论与网络的硕士生与博士生。我国图论学者与许多海外华裔学者在图论的理论研究与应用方面，都取得了丰硕的成果。

随着电子计算机功能的日益增加，图论在自然科学、工程技术、经济管理以及社会科学各领域中扮演了不可或缺的角色。它的应用日益广泛，并不断开拓富有潜力的新领域。

图论的广泛应用促进了它自身的发展。20 世纪中期以来，拟阵理论、超图理论、极图理论以及代数图论、拓扑图论都有长足的发展。

图论这门学科还十分年轻，还有许多未被开垦的处女地，留待我们去拓荒。还有许多桂冠等待我们去摘取。仅就图论的理论研究来说，邦迪（J. A. Bondy）和默蒂（U. S. Murty）1981 年著的《图论及其应用》一书的附录中就列出了 50 个图论中"尚未解决的问题"。这些问题中至今还有不少等待我们去解决。

亲爱的读者，你是否准备投身到图论研究的行列中，一展你的聪明才智呢？

参考文献

1.《图论及其应用》，邦迪（J. A. Bondy）和默蒂（U. S. Murty），（原书：Graph Theory with Applications，J. A. Bondy & U. S. R. Murty），科学出版社

2.《图论及其应用》习题解答，张克民，林国宁，张忠辅，1988，清华大学出版社

3.《一笔画和邮递路线问题》（1962，1964，2002），姜伯驹，人民教育出版社

4.《有趣的图论》，管梅谷，1980，山东科学技术出版社

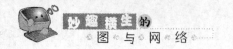

习题参考答案

（注：读者发现错漏或有更好的解答，请告诉作者，十分感激！

邮箱：shisimon44@sina.com）

习题 2.1 问题化为"完全图 K_{10} 的任一边染成红色或蓝色之一，则其中必出现一个红边三角形（K_3 子图）或一个蓝边 K_4 子图。"

从 10 个顶点中任何一个 A 开始考虑，分两种不同情况来讨论：

情况（1）：至少 6 条边为蓝色。

情况（2）：少于 6 条边为蓝色，此时至少 4 条边为红色。

情况（1）：考察这 6 条蓝色边（图 X2.1 中粗虚线边）另一端点所构成的完全子图 K_6-BCDEFG（以 B、C、D、E、F、G 为顶点的 K_6）。按照例 2.10 的结论，其中必定出现一个红边三角形（图中为实线 $\triangle BCD$），此时已得证；或出现一个蓝边三角形，不妨设为 $\triangle DEF$（图中为细虚线，其他蓝边三角形类证），则 K_6 出现一个蓝边 K_4-AFED，得证。

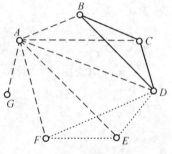

图 X2.1　与 A 相连的至少有 6 条边染蓝色

情况（2）：考察这 4 条红色边（图 X2.2 中粗实线边）另一端点所构成的完全子图 K_4-BCDE。若它的所有 6 条边全为蓝色，则已找到蓝边 K_4-BCDE。否则至少有一边为红色（比如说 CD），则它与从 A 出发的 4 条红边中的两条构成一个红边三角形（$\triangle ACD$），得证。

习题 3.1 总度数 $=2$（A）$+3$（B）$+4$（C）$+4$（D）$+2$（E）$+1$（F）$+0$（G）$+2$（H）$+1$（I）$+1$（J）$=20=10$（边数）$\times 2$

习题 3.2 当 G 的边数 $n=1$，顶点数 $=$ 边数 $+1$

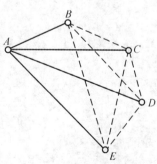

图 X2.2　与 A 相连的至少有 4 条边染红色

=2，而且连通时，G 显然无圈，所以它是树。假设 G 连通，边数 $n=k$，顶点数 $=k+1$ 时，G 是树。当 G 连通，边数 $n=k+1$，顶点数 $=k+2$ 时，它至少有一个顶点 x 的度数是 1。否则，每个顶点的度数 $\geqslant 2$，总度数 $\geqslant 2(k+2)$ $>2(k+1)=$ 边数的 2 倍。这违反握手定理。去掉这个 1 度顶点 x 以及连结它的那条边 xy，得到边数 $=k$，顶点数 $=k+1$ 的子图 G_1。G 的子图 G_1 连通，否则 G 不连通。

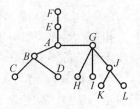

图 X3.1 以 F 为根的同构树

按照归纳假设，G_1 是树，从而 G_1 无圈。把顶点 x 以及连结它的那条边 xy 放回 G_1，得到原图 G。由于 x 为 1 度顶点，所以不会产生新的圈，从而，G "无圈连通"，即 G 是树。这样，结论对任何边数的符合条件的图都成立。

习题 3.3 图 X3.1 是 与图 3.6 同构的树，且以树叶 F 为根。

习题 3.4 （1）共 8 个 3 度顶点：B，D，E，G，I，J，K，L。另外 4 个为 2 度顶点：A，C，F，H。

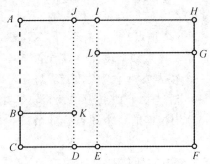

图 X3.2 删 5 条边破 22 个圈

（2）总度数 $=8 \times 3 + 4 \times 2 = 32 = 16$（边数）$\times 2$。

（3）树的边数 $=12$（顶点数）$-1 = 11$。现有 16 条边，破圈法求生成树时要去掉 5 条边。求生成树的过程如下（见图 X3.2）。

容易看出，DK，KJ，EL，LI 这四条边（虚线）是在四个小矩形圈上，去掉这 4 条边后，还有一条边要去掉。此时容易发现，周边矩形是仅剩的一个圈。去掉周边上任何一边（图中是去掉 AB 边），就得到原图的一个生成树。

习题 3.5 因为图 G 是简单图，具有最大度数的顶点与其他 $n-1$ 个顶点的每一个最多只有一条边相连，所以该顶点最多只有 $n-1$ 条边，即 $M \leqslant n-1$。

习题 3.6 序列 $(7，6，5，4，3，3，2)$ 对应的是 7 个顶点的图，按上题结论，最大度数 $M \leqslant 6$。而序列中最大数是 7，所以它不是图序列。而 $(6，6，5，4，3，3，1)$ 对应的也是 7 个顶点的图。由于图序列只对简单图而言，若 $(6，6，$

5，4，3，3，1）是图序列，则具有最大度数 6 的两个顶点与其他各顶点都有一边相连。这样，图中每一个顶点的度数不应该小于 2，与此序列中有度数为 1 的顶点相矛盾。所以（6，6，5，4，3，3，1）也不是图序列。

习题 3.7 作以 n 个人为顶点的图，若两人是朋友关系的，在相应的两顶点间连一条边。显然，这样得到的图是简单图。从而原问题就化成的图论问题："顶点个数 $n \geqslant 2$ 的简单图中存在度数相同的两个顶点"。以下来证明这结论。首先根据习题 3.5 的结论，最大度数 $M \leqslant n-1$。（1）若 $M = n-1$，因 G 为简单图，具有最大度数 M 的顶点与其他各顶点，包括具有最小度数 m 的顶点，都有一边相连。所以 $m \geqslant 1$。这样，各顶点的度数只能取 1，2，$\cdots$，$n-1$ 这 $n-1$ 个数的其中一个，而图 G 有 n 个顶点，如果没有两个顶点有相同的度数，则共有 n 种不同取法，矛盾。所以，图 G 中存在两个顶点，它们有相同的度数。

（2）若 $M = s < n-1$，但总有最小度数 $m \geqslant 0$。此时，同上所证，各顶点的度数只能取 0，1，2，$\cdots$，s，这小于 $n-1$ 个数的其中一个，由于图 G 有 n 个顶点，从而图 G 中存在两个顶点，它们有相同的度数。

习题 3.8 （ⅰ）中间 6 个顶点 C，D，E，F，G，H 在原图中都是 2 度点，所以在生成树中，只可能是 1 度点或 2 度点，即不是与 A，就是与 B 相连。

（ⅱ）而且，其中有一个在生成树中为 2 度点，与 A，B 都相连。这是因为图中任何一个圈，包括且只包括这 6 个顶点中的两个。若用破圈法破最后一个圈时，总会留下一个与 A，B 均相连的一个顶点。其余只能与 A，B 其一相连，否则会产生一个圈。

（ⅲ）中间 6 个顶点在图中的地位是对称的，所以在同构意义下，不失一般性，可以假定 C 为生成树上 2 度点，AC 与 BC 在生成树上。

（ⅳ）根据树的性质，任一生成树有 7 条边。根据（ⅰ）A 与 B 的度数之和为 7。由于顶点 A 与 B 的地位也是对称的，所以不妨假设与 A 相连的边数，即 A 的度数小于 B 的度数。所以共有 3 种选择：A 的度数分别为 1，2，3，相应的 B 的度数分别为 6，5，4。

图 X3.3（1），（2），（3）所示的是 3 个非同构的生成树。把（4）的生成树的顶点重新编号就可以看出它与（3）同构。

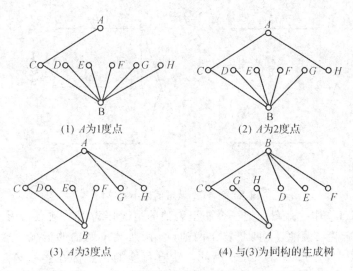

(1) A为1度点   (2) A为2度点

(3) A为3度点   (4) 与(3)为同构的生成树

图 X3.3   三个不同构的生成树与一个同构的生成树

习题 4.1   两个问题都有答案，见图 X4.1。

（1）去掉图中仅有的一个圈 $A_1A_2A_3A_4A_1$ 的所有边后，任一连通分支都是树，而且这些树都以圈上某一点作为根。这样，圈上的每条街可按逆时针方向用其前一端的广场来命名。每个（连通分支）树形上的街道用箭头所指广场来命名。因此，每条街均可与一个广场配对，用其箭头所指广场命名。

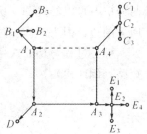

（2）用"破圈法"删去圈 $A_1A_2A_3A_4A_1$ 上任何一条边，例如 A_1A_4，使原图成为（生成）树。然后以 A_1A_4 的任一端作为生成树的根，例如取 A_1 为根。则

图 X4.1   广场与街道可以互相命名

生成树中除根 A_1 外，顶点可与边配对。最后，我们以删去边（街）来命名根（广场）A_1，图 X4.1 中箭头所在的街与箭头所指的广场配对。

习题 4.2   （1）依次把边 e_1，e_2，e_3 逐个放上去，发现放上 e_3 以后会产生圈，所以删去 e_3。然后放上 e_4，见图 X4.2（1）。

（2）再依次放上 e_5，e_6，放上 e_6 会产生圈，所以这一边要删去。接着放上 e_7 不会产生圈（图 X4.2（2）），但此时 6 个顶点由 5 条边连通，已是生成树（也叫支撑树），而且是最小生成树。总造价为

$$8+10+30+40+60=148（万元）。$$

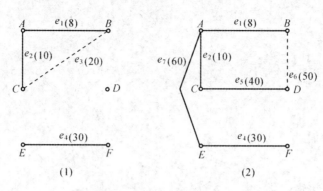

图 X4.2　6 个城市的最小支撑树

习题 5.1　作一个图，把三个瓶里装油的情况作为图的顶点。用 (a, x, y) 表示 10 两瓶装 a 两油，7 两瓶装 x 两油，3 两瓶装 y 两油的情况。这里有 $a+x+y=10$，$0 \leqslant x \leqslant 7$，$0 \leqslant y \leqslant 3$。因此，所有可能的顶点都在连结 A（0，0），B（7，0），C（7，3），D（0，3）[分别对应于（10，0，0），（3，7，0），（0，7，3），（7，0，3）这四种情况]的矩形内，见图 X5.1。图中只画出了无向边，即两种情况可以经过倒一次油互相转化。略去的有向边，即表示倒过来，却不能倒回去的边，因为在标号过程中用不到这些有向边。

标号过程与例 5.3 一样，只把最短里程数直接标在图上。正体的标号对应最短路（倒 9 次）：

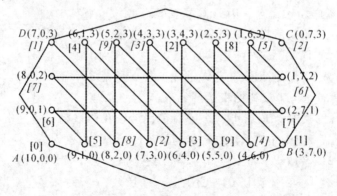

图 X5.1　用 10、7、3 两这 3 个瓶平分 10 两油

$(10, 0, 0) \rightarrow (3, 7, 0) \rightarrow (3, 4, 3) \rightarrow (6, 4, 0) \rightarrow (6, 1, 3) \rightarrow$ $(9, 1, 0) \rightarrow (9, 0, 1) \rightarrow (2, 7, 1) \rightarrow (2, 5, 3) \rightarrow (5, 5, 0)$.

而斜体的标号对应的不是最短路（倒 10 次），只是另外一种"凑出来的"倒油方案：

$(10, 0, 0) \rightarrow (7, 0, 3) \rightarrow (7, 3, 0) \rightarrow (4, 3, 3) \rightarrow (4, 6, 0) \rightarrow (1,$

6，3）→（1，7，2）→（8，0，2）→（8，2，0）→（5，2，3）→（5，5，0）．

习题 5.2 这题的图 X5.2 要复杂得多。这次在倒油过程中 16 两瓶空的情况有 C（0，12，4），D（0，11，5），E（0，10，6），F（0，9，7）四种，而且代表这四种情况的四个顶点（12，4），（11，5），（10，6），（9，7）在一条直线上，直线方程为 $x+y=16$。另外，与前面一样分析，可以知道对应于所有可能情况的整数点不是在一个矩形的周边上，而是在五边形 $ABCFG$ 的五条边上，其中 A，B，G 分别是情况（16，0，0），（4，12，0），（9，0，7）所对应的整数点（0，0），（12，0），（0，7）。与通常一样，图 X5.2 略去了有向边。为清晰起见，无向边画成两种，实线边与虚线边。实线边连接的顶点与代表初始情况的顶点 A（16，0，0）是连通的。虚线边连接的顶点与代表终结情况（16 两油已平分为两份）的顶点（8，8，0）是连通的。但这两部分的顶点彼此并不连通。所以本题无解。或者从标号法的角度来说，它与例 5.4 类似，当一部分顶点得到标号（见图）以后，剩下的所有其他顶点的里程估计终值全为 ∞。所以这个分油问题是没有解的。

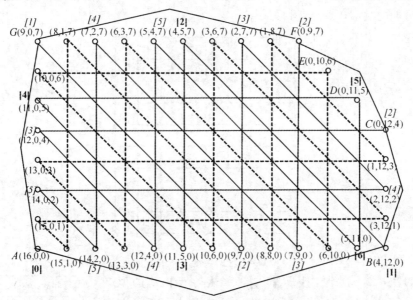

图 X5.2 用 16 两、12 两、7 两这 3 个瓶平分 16 两油是不可能的

习题 5.3 用标号算法（G[3，4]表示顶点 G 第 3 个被标号，从 A 到 G 的最短路长为 4），A 到 K 的最短路为 $ACDGIFEHK$（见图 X5.3），总长度为 13。

习题 6.1 （1）类似例 6.3 来解。设图 G 是以图 X6.1 的交叉点为顶点，马

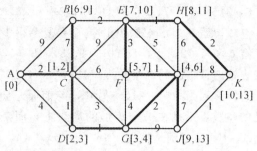

可以来回跳的两点间连一条边所成的图。我们来计算图 X6.1 的"交叉点（所对应的 G 中顶点）的度数。"四角的 4 个点度数为 2；它们的邻接点为 3 度点，共 8 个；每个角上小正方形的另一个点与 4 条周边上，除了以上的点外，都是度数为 4，共（1 个／角×4 角）＋（5 个／横周边×

图 X5.3　A 到 K 的最短路

2 条横周边）＋（6 个／竖周边×2 条竖周边）＝26 个；中间粗线矩形的 4 周边及内部的交叉点，共 $5×6＝30$ 个，度数为 8。剩下的是度数为 6 的顶点。所以，总度数＝$4×2＋8×3＋26×4＋30×8＋[90－(4＋8＋26＋30)]×6＝508$，马的不同跳法＝图 G 中的边数＝$508/2＝254$。

（2）这里有 8 个奇顶点，度数均为 3。从而以 90 个交叉点为顶点，马的每一种可能的跳法为边的图 G 不存在一笔画。即，马不可能在中国象棋盘上完成每一种可能的跳动，并且都恰好一次。

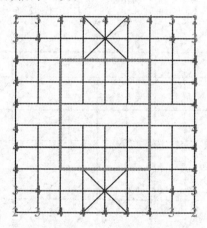

图 X6.1　中国象棋盘上马的不同跳法

习题 6.2　这个"残棋盘"上每个格子所对应的顶点的度数如图 X6.2 所示。其中有 10 个奇顶点，度数均为 3。所以马不可能在这个"残棋盘"上完成每一种可能的跳动，并且都恰好一次。

习题 6.3　它的对偶图如图 X6.3 所示。其中顶点 1 与 2 为 5 度点，是仅有的奇顶点。顶点 3、4A、4B 与 5 都

图 X6.2　残棋盘上马的可能跳法

是 4 度点，而顶点 6 为 10 度。所以有始于顶点 1 而终于顶点 2 的一笔画：$1 \to 6 \to 1 \to 3 \to 6 \to 3 \to 4A \to 6 \to 4B \to 4A \to 1 \to 2 \to 4B \to 5 \to 6 \to 5 \to 2 \to 6 \to 2$。

习题 6.4 图 6.15 的奇顶点已经用实心顶点表示。左边的图有顶上、底下两个奇顶点；右边的图，仅中间斜线边的两端点为奇顶点；这两个图存在从一个奇顶点画到另一个奇顶点的一笔画。中间的图顶上 2 个、最底线的 2 个端点，共 4 个奇顶点，不存在一笔画。

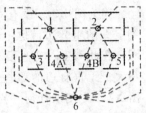

图 X6.3　十八堵墙围成的区域的对偶图

习题 7.1　（1）图 4.5 与 K_5 同构，每个顶点的度数都是 4，无奇顶点。所以这是欧拉图，从任何一个顶点出发，一笔画完所有边，回到该顶点。例如 $Ae_1 Be_7 De_3 Ee_{10} Ae_5 Ce_4 Ee_6 Be_8 Ce_2 De_9 A$ 就是这样的一笔画。

（2）图 5.1 有 15 条边。其中顶点 A，B，D，I 为 3 度点；E，F，G 为 4 度点；C 为 6 度点。总度数为 30＝边数×2，符合握手定理。它有两对奇顶点 A 与 B，D 与 I，所以至少 2 笔画。在 A 与 B，D 与 I 之间各添一条边（各记为 e_1 与 e_2），使原图成为欧拉图，从顶点 B 出发又回到 B 的边（所添边在两端点中间加上 e_1 或 e_2，其他边直接用两端点表示。）不重回路是一个一笔画：$Be_1 ADe_2 IGFCEIFEBCGDCAB$。在这个一笔画上断开所添加的两条边 e_1 与 e_2，则两条边不重路，AD 与 $IGFCEIFEBCGDCAB$ 遍历原图所有的 15 条边。

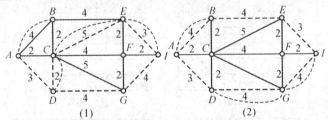

图 X7.1　第（1）、（2）步后的图

习题 7.2　（1）AD 与 GI 上的重复边都是两条，应全部去掉，见图 X7.1（1）。

（2）在圈 $CDGIEC$ 上有重复边的那些边长之和 $2+5+3=10$ 大于无重复边的那些边长之和 $4+4=8$，所以去掉原来的重复边，在无重复边的那些边上添上重复边，见图 X7.1（2）。

（3）在周边所成的圈 $ABEIGDA$ 上有重复边的那些边长之和为 $4+4+4=12$ 大于无重复边的那些

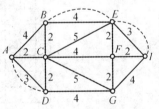

图 X7.2　存在最短邮递路线的图

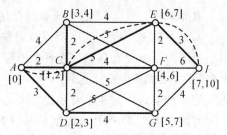

边长之和 $4+3+3=10$，所以去掉原来的重复边，在无重复边的那些边上添上重复边，见图 X7.2。

因为图 X7.2 没有一条边上有大于等于 2 的重复边，也不存在原图的一个圈，在此圈上，有重复边的那些边长之和大于无重复边的那些边长之和，所以图 X7.2 上的从任何一点（设它为邮局）出发又回到该点的（任何一个）一笔画就是最短邮递员路线。

图 X7.3　两个奇顶点的最短邮递员路线

注意，如果在第（2）步，一开始就在图 X7.1（1）中选圈 $ABECDA$，去掉它上面原来的重复边，在无重复边的那些边上添上重复边，就直接成为图 X7.2。

习题 7.3　（1）用标号算法求出从 A 到 I 的最短路 $ACEI$，总长度为 10，见图 X7.3。（2）把最短路经过的边添上重复（弧形）边，消灭奇顶点 A 与 I。新图上从任何一点（设它为邮局）出发又回到该点的一笔画就是最短邮递员路线。

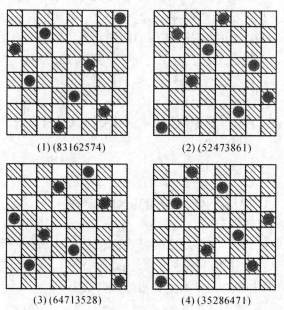

(1) (83162574)　　　　　　(2) (52473861)

(3) (64713528)　　　　　　(4) (35286471)

图 X8.1 高斯八后问题的图解（83162574）

及旋转 180 度、270 度和主对角线对称所得的图解

习题 8.1　　（1）排列（83162574）的图解见图 X8.1（1）。它是"高斯八后问题"的一个解，因为没有两个皇后在同一条横线、竖线或斜线上。

（2）按逆时针方向分别旋转 $180°$、$270°$ 所得出其他两个图解及它们的排列见图 X8.1（2）与 X8.1（3）。

（3）排列（83162574）的图解作主对角线的对称图及它的排列见图 X8.1（4）。

习题 8.2　　图 X8.2 显示了对图 8.8 中顶点（3＊＊＊）的全部子孙进行搜索时的判断过程。得到解（3142），见图 X8.2（3）。

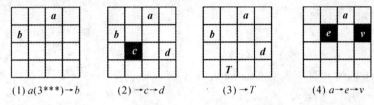

(1) $a(3***) \to b$　　(2) $\to c \to d$　　(3) $\to T$　　(4) $a \to e \to v$

图 X8.2　对顶点（3＊＊＊）的全部子孙进行搜索时的判断过程

X8.3 显示了对图 8.8 中顶点（4＊＊＊）的全部子孙进行搜索时的判断过程。

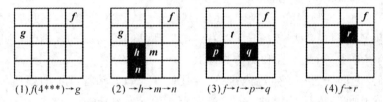

(1) $f(4***) \to g$　　(2) $\to h \to m \to n$　　(3) $f \to t \to p \to q$　　(4) $f \to r$

图 X8.3　对顶点（4＊＊＊）的全部子孙进行搜索时的判断过程

而图 X8.4 画出了"先深搜索"的行进路线。

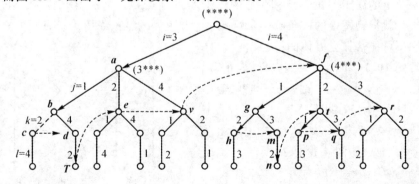

图X8.4　对顶点（3＊＊＊）与（4＊＊＊）的全部子孙进行搜索时的行进路线

习题 9.1　　以 A 作为初始顶点用最邻近法得到的解为 $ADBCEFA$，总权数为 $4+3+2+18+12+16=55$。而以 B 作为初始顶点得到的解为 $BCADFEB$，总权

数为 $2+9+4+5+12+8=40$。以 B 作为初始顶点得到的解较好。

习题9.2 不妨设 $k<s$，此时把 X 的 k 个顶点全部删去。因图 G 是一个二部图，所有的 Y 中 s 个顶点全部成为孤立点。即删去的顶点个数 $k<$ 删去后的连通分支数 s，根据"必要条件"，G 中不存在哈密尔顿圈。

习题9.3 作一个图，以每个 $1\times1\times1$子立方体为顶点，任何两个子立方体之间有公共面，在相应的两顶点之间连一条边。把图放到立体直角坐标系上去，一个角所代表的顶点放在坐标原点上，见图 X9.1。这样就可以把顶点分成两部分 X 与 Y：一个顶点的三个坐标的和等于奇数的，归入 X（图上用**空心小方块表示**），而三个坐标的和等于偶数的，归入 Y（图上用**实心小圆圈表示**）。例如，顶点 B（1，0，2）与中心点 D（1，1，1）归入 X；而顶点 A（2，0，0）

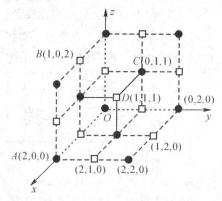

图 X9.1　老鼠吃乳酪问题对应的二部图

与其他 7 个角上的顶点和点 C（0，1，1）归入 Y。这样分类后，可清楚地看到，分属 X 和 Y 的顶点，无论上下、左右、前后都是间隔排列的，因为彼此只有一个坐标的值差 1，因此坐标和一个为奇数，另一个为偶数。同属 X 或同属 Y 的任何两个顶点之间无边相连，因此这是二部图。底层（Oxy 平面）与顶层各有 4 个角上、1 个中间位置是 Y 顶点，4 个 X 顶点；中间层有 5 个 X 顶点，4 个 Y 顶点。这样，X 的顶点数 13 ＜ Y 的顶点数 14。假如图中存在一条哈密尔顿路，从底层或顶层角上的属于 Y 的顶点到中心的属于 X 的顶点 D，则从角上的顶点到 D 连一条边，就得到图中的一条哈密尔顿圈，这与上题的结论矛盾。所以老鼠吃完乳酪，它不可能恰在立方体的中心。

习题10.1 图 10.13 中初始匹配 $M_1=\{x_1y_1，x_2y_2，x_5y_6\}$ 的一条可扩充路为 $\{x_3y_1 x_1y_2 x_2y_3\}$，见图 X10.1。去掉可扩充路上属于 M_1 的边 x_1y_1 与 x_2y_2，添上扩充路上不属于 M_1 的边，得匹配 $M_2=\{x_1y_2，x_2y_3，x_3y_1，x_5y_6\}$，成为图 X10.2。

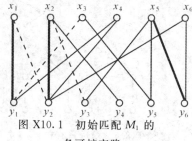

图 X10.1　初始匹配 M_1 的
一条可扩充路

从图 X10.2 可见，$\{x_6y_2 x_1y_1 x_3y_5\}$ 是 M_2 的一条可扩充路，同上作法，可得 $M_3=\{x_1y_1，x_2y_3，x_3y_5，x_5y_6，x_6y_2\}$。此时未被覆盖的顶点为 x_4 与 y_4，图中不存在从其中一点出发到另一个点的可扩充

路，所以 M_3 就是原图的一个最大匹配，见图 X10.3。

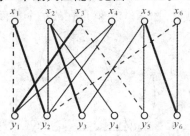

图 X10.2　匹配 M_2 及其一条可扩充路

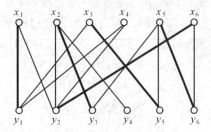

图 X10.3　最大匹配 M_3

习题 10.2 （1）必要性：已知先选之人有赢的策略，来证 G 中不存在完美匹配。用反证法，假设 G 中存在完美匹配 M，即 M 覆盖了 G 的所有顶点。则无论先选之人如何选取 v_{i-1}，后选之人永远可选 M 中与 v_{i-1} 相关联（即与 v_{i-1} 有边相连）边的另一端点作为 v_i。故先选之人必输。这就证明了必要性。

（2）充分性：已知 G 中不存在完美匹配，来构造一个先选之人必赢的策略。我们任选 G 中一个最大匹配 M。先选之人首先取未被 M 覆盖的顶点 v_0，往下不管后选之人如何取 v_{i-1}，这个顶点一定是被 M 覆盖的。因为 v_0 未被 M 覆盖，若后选之人能选到未被 M 覆盖的 v_1，则连结 v_0 与 v_1 的边成了可扩充路，这与 M 为最大匹配矛盾。以下递推（或用归纳法）。这样先选的永远可选 M 中和 v_{i-1} 相关联边的另一端点作为 v_i。这种策略下，第一条边不属于 M，而后是交错的属于或不属于 M。它保证了最后一点一定是先选之人所取。否则，后选之人取到最后一点的话，最后一边一定不属于 M。这样，形成了一条可扩充路，与 M 为最大匹配矛盾。

例如，两人在图 10.1 上博弈，所取的最大匹配 M 也如图 10.1 的粗实线所示。则第一人①取未被 M 覆盖的点 7（或 9），第二人②只能取 8，它是被 M 覆盖的点。接着①取 M 中的边 85 的另一端 5，②取 4（若②取 6，①取 10 赢），①取 3，②取 2，①取 1 赢。

习题 11.1 完全图 K_5 的 5 个顶点度数都为 4。去掉一边（例如 CE）后，它的两个端点的度数变为 3。图 X11.1 就是它的一个平面图。

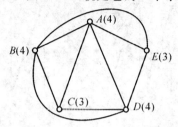

图 X11.1 K_5 去掉任何一边后的平面图

习题 11.2 与图 11.14 同构的，而且均为直线边的平面图如图 X11.2 所示。

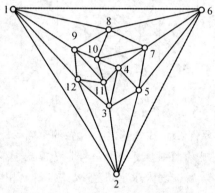

图 X11.2 与图 11.14 同构的平面图

图书在版编目(CIP)数据

妙趣横生的图与网络 / 史明仁编著. —杭州：浙江大学出版社,2016.5
ISBN 978-7-308-15741-4

Ⅰ.①妙… Ⅱ.①史… Ⅲ.①计算数学—高等学校—教材 Ⅳ.①024

中国版本图书馆 CIP 数据核字(2016)第 072338 号

妙趣横生的图与网络

史明仁　编著

责任编辑	傅百荣
责任校对	金佩雯　陈　宇
封面设计	姚燕鸣
出版发行	浙江大学出版社
	(杭州市天目山路 148 号　邮政编码 310007)
	(网址:http://www.zjupress.com)
排　　版	浙江时代出版服务有限公司
印　　刷	浙江省邮电印刷股份有限公司
开　　本	787mm×960mm　1/16
印　　张	7
字　　数	125 千
版 印 次	2016 年 5 月第 1 版　2016 年 5 月第 1 次印刷
书　　号	ISBN 978-7-308-15741-4
定　　价	18.00 元